<Prä./400> Zitat:

„Das Seiende des Dinges
ist die innewohnende Form […],
aus welcher in Verbindung
mit der Materie das konkrete
Wesen besteht.“

Aristoteles

<¶>

m m m m

m m m m m m

n n n n n n n n

m m m m m m m m

n n n n n n n n n n

i i i i i i i i i i i

im im im in

in in in im in

u u u u u u u u u u

um um um un

u u u u

<Fig /001>

<Prä./500> Verzeichnis: Inhalt

<¶>

</>
</>
</>
</>
</>
</>
</>
</>
</>
</>
</>
</>
</>
</>
</>
</>
</>
</>
</>
</>
</>
</>
</>
</>
</>
</>
</>
</>
</>
</>
</>
</>
</>
</>
</>
</>
</>
</>
</>
</>
</>
</>
</>
</>
</>
</>
<¶>

Arch

<Fig./002>

qua

a a

Light Bold

Generierung unterschiedlicher Schriftschnitte durch Parallel-verschiebung!

<Par./000> Kapitel:

Praescriptum

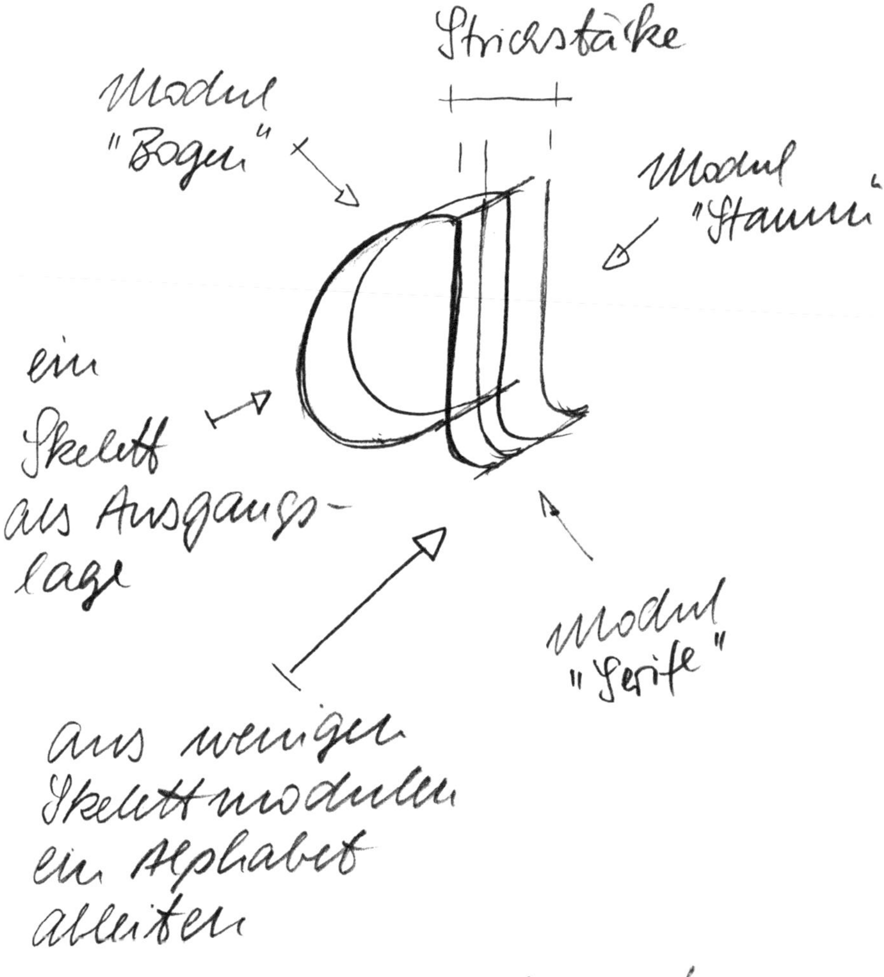

Strichstärke

Modul "Bogen"

Modul "Stamm"

ein Skelett als Ausgangslage

Modul "Serife"

aus wenigen Skelettmodulen ein Alphabet ableiten

Werkzeugtypen:

1. Bandzugfeder
2. Spitzfeder
3. Redisfeder

<Fig. /004>

<Par./010> Artikel: Einführung
<¶>
<Par./011> Text: Industrie 4.0
</> Wir befinden uns zurzeit in einer Phase des wirtschaftlichen und infolgedessen auch sozialen Umbruchs. Diese neue industrielle Revolution lässt sich im Wesentlichen an zwei aktuellen Tendenzen erkennen: zum einen an der immer weiter zunehmenden Technisierung beziehungsweise Automatisierung unserer Arbeitswelt und zum anderen an der rasant fortschreitenden Digitalisierung beziehungsweise Vernetzung unserer Kommunikationsmöglichkeiten. Der momentan viel diskutierte Begriff Industrie 4.0 beschreibt hierbei die zu erwartende Automatisierung in weiten Teilen unserer Arbeitswelt und den damit einhergehenden Wegfall von diversen Arbeitsplätzen, hauptsächlich in Bereichen, die stark von standardisierten beziehungsweise sich stetig wiederholenden Arbeitsabläufen gekennzeichnet sind. Die zunehmende digitale Vernetzung unserer Kommunikation betrifft dabei die unterschiedlichsten Facetten unserer Lebenswelt. Dieses Internet der Dinge wird zusammen mit der zuvor beschriebenen Automatisierung der Arbeitswelt einerseits viele Berufsbilder stark verändern, wenn nicht sogar ablösen. Andererseits jedoch auch zu effizienteren Arbeitsabläufen sowie neuen beruflichen Möglichkeiten, diversen Produktinnovationen und technischen wie soziokulturellen Weiterentwicklungen führen. <Ref./001>
<¶>
<Par./012> Text: Künstliche Intelligenz
</> Produkte können mittlerweile on demand, individuell und in sehr geringer Auflage kostengünstig hergestellt werden. So lassen sich bereits heute hochkomplexe zellulare, organische Gewebestrukturen mittels eines 3-D-Druckers produzieren.
Eine direkte Kommunikation mit der herstellenden Maschine und sogar mit dem hergestellten Produkt selbst wäre durchaus möglich und der nächste logische Schritt. Dies würde bedeuten, dass wir in Zukunft Produkte nicht mehr von Hand gestalten müssten, sondern sie unter Umständen einfach nur erdenken könnten. Diese nicht mehr aufzuhaltende technologische Entwicklung lässt sich schon heute sehr deutlich an der bereits existierenden neuen Generation von Maschinen ablesen. Diese künstliche Intelligenz (KI) ist aufgrund ihrer neuronalen Vernetzung sowie mittels ‚deep learning' in der Lage, auf eine völlig neuartige und dabei äußerst effiziente Art und Weise selbstständig zu lernen und sich somit vom Menschen unabhängig weiterzuentwickeln. <Ref./002> Sie kann dabei auch zunehmend komplexe kognitive Funktionen des Menschen übernehmen, wie die Verarbeitung von Text- oder Bildinhalten, aber auch von gesprochener Sprache.
<¶>

<Par./013> Text: Schrift 1.0

</> Der Prozess von produktionstechnischer Automatisierung und kommunikationsbezogener Vernetzung ist im Bereich der Gestaltung – rückblickend betrachtet – ein wiederkehrendes Phänomen. Immer schon gab es im Designbereich den technischen Fortschritt, der sich unmittelbar auf die Möglichkeiten der Kommunikation einerseits sowie auf das Berufsfeld des Gestalters andererseits maßgeblich ausgewirkt hat. Designerinnen waren laufend mit der Herausforderung konfrontiert, neuartige Technologien sinnvoll und innovativ in den Gestaltungsprozess zu integrieren, sich aber gleichzeitig auch ihrer Bedeutung sowie ihrer Auswirkungen bewusst zu sein. So lässt sich dieser technologische und soziale Umbruch bereits im weitaus kleineren Kontext der Gestaltung von Schrift nachzeichnen. Unser bestehendes Schriftsystem ist eine unserer wichtigsten soziokulturellen Errungenschaften überhaupt. Es beeinflusst unser Denken und Handeln maßgeblich und ohne diese Schrift 1.0 wäre darüber hinaus kein technischer Fortschritt möglich gewesen. Die aktuellen technologischen Veränderungen bedeuten im Hinblick auf unser Schriftsystem vor allem einen strukturellen Wandel. Dies wird sich unweigerlich auch auf die Struktur unseres bisherigen Denkens und Handelns auswirken. <Ref./003>

<¶>

<Par./014> Text: Schrift 4.0

</> Die grundsätzliche Aufgabe von Design liegt meiner Ansicht nach – unabhängig von jeglichem technischen Fortschritt – nicht allein in der Gestaltung der sichtbaren Oberfläche, sondern sie beginnt bereits mit der sinnvollen Strukturierung von Inhalten. Es geht um das ‚Designierende', also um das zu Bezeichnende und demnach in erster Linie um die Erschaffung und Vermittlung von Bedeutung. Unter diesem Aspekt ist die rein formale Gestaltung von Schrift als wichtigstem Bedeutungsträger schlechthin durchaus kritisch zu hinterfragen. In meinen Augen ist es nicht mehr zeitgemäß, sich lediglich mit der äußeren Form von Schrift zu befassen. Man muss vielmehr über die Weiterentwicklung der inneren Struktur von Schrift nachdenken. Es geht vor allem darum, ob das System der Schrift, wie wir es kennen, zukunftsfähig ist und wie beziehungsweise ob wir in Zukunft noch schreiben werden und welche Auswirkungen, aber auch Möglichkeiten dies für den Berufsstand der Gestalterinnen und Gestalter bietet. Mit wem also werden wir zukünftig wie kommunizieren – und müssen wir dabei die Sprache der Maschinen beherrschen oder umgekehrt? <Ref./004> Eine Frage nach dem Wesen der Schrift der Zukunft ist demnach auch eine Frage nach dem Bedarf einer adäquaten Mensch-Maschine-Interaktion – einer Schrift 4.0 …!

</>

</>

<¶>

<Par./015> Text: Diskrepanz

</> Das lateinische Zeichensystem umfasst wie kein anderes eine stetig wachsende Menge an Variationen der verschiedenen Schriftformen. Dabei lässt sich feststellen, dass zwar die äußere Form der einzelnen Schriftzeichen ständig neu interpretiert, nicht jedoch das Zeichensystem als solches infrage gestellt wird. Es gibt eine offensichtliche Diskrepanz zwischen einer stetig zunehmenden Anzahl an Schriftentwürfen einerseits und einer mangelnden Reflexion der inneren Struktur des lateinischen Zeichensystems durch die Schriftgestalter andererseits. Auffällig ist dabei die äußerst geringe Anzahl an wissenschaftlichen Veröffentlichungen zu diesem Thema. Die vorliegende Abhandlung hat daher zum Ziel, dem Wesen der Schrift der Zukunft auf den Grund zu gehen. Diesbezüglich scheint es mir zunächst wichtig, auf einige grundlegende Aspekte des Schreibens genauer einzugehen. Das erste Kapitel ‚Script 1.0 – Kalligrafie' beschäftigt sich mit dem Prozess des Schreibens und erläutert das damit verbundene Verhältnis von Schreibbewegung und Schreibwerkzeug. Im zweiten Kapitel ‚Script 2.0 – Typografie' werden die verschiedenen Arten des Beschreibens von Schriftkonturen sowie ihr jeweiliger Einfluss auf die entsprechende Schriftform eingehend erörtert. Das dritte Kapitel ‚Script 3.0 – Metatypografie' eröffnet einen Überblick über aktuelle und innovative digitale Werkzeuge zur Erzeugung von Schrift und den damit verbundenen gestalterischen Möglichkeiten sowie technischen Herausforderungen für die Schriftgestalterin. Das vierte Kapitel ‚Script 4.0 – Hypertypografie' bietet schließlich einen Ausblick auf die zu erwartenden Auswirkungen auf das bestehende Schriftsystem einerseits sowie auf die zukünftige Tätigkeit des Schriftgestalters andererseits.

</>
</>
</>
</>
</>
</>
</>
</>
</>
</>
</>
</>
</>
</>
</>
</>
</>
<¶>

<Par./020> Artikel: Fragestellung

<¶>

<Par./021> Text: Prozess

</> Untersucht man das Wesen der Schrift der Zukunft, stellt sich zunächst die Frage, in welchem Verhältnis die innere, tragende Struktur einer Schrift zu ihrer äußeren, formbildenden Kontur steht und auf welche Art und Weise dabei eine strukturelle Innovation im Bereich der Gestaltung von Schrift möglich ist. Wenn man des Weiteren von der folgenden Prämisse ausgeht, dass Schrift aus dem Prozess des Schreibens resultiert, <Ref./005> ist interessant, welche spezifischen Möglichkeiten der Computer als universelles Schreibwerkzeug bietet beziehungsweise wie dieser wiederum die Struktur des Zeichensystems einerseits sowie die Tätigkeit des Schriftgestalters andererseits in Zukunft beeinflussen wird. Wenn also ein Schriftzeichen aus dem Prozess des Schreibens hervorgeht, ist Schriftgestaltung dann folglich nicht die Gestaltung eines Schreibprozesses? Diese spezifische Fragestellung entstand in der Folge einer praktischen Arbeit und der damit verbundenen, gestalterischen Überlegung, wie man aus einer prinzipiellen Vorschrift <Fig./001> sowie der daraus resultierenden individuellen Handschrift <Fig./002> zunächst unterschiedliche Schriftschnitte <Fig./003> und schließlich diverse Antiqua-Schriftarten <Fig./004> gleichzeitig ableiten kann.

</>
</>
</>
</>
</>
</>
</>
</>
</>
</>
</>
</>
</>
</>
</>
</>
</>
</>
</>
</>
</>
</>
</>
<¶>

<Par./030> Artikel: Behauptung
<¶>
<Par./031> Text: Algorithmus
</> Viele Schriftgestalterinnen erzeugen lediglich inhaltsleere und vor allem rein modisch bestimmte Abwandlungen bereits bestehender historischer Schriftformen. Dies führt zu immer feiner werdenden Abstufungen zwischen den einzelnen Schriftgruppen <Ref./006> und könnte durch das Programmieren und Automatisieren von Gestaltungsprozessen mittels des Computers in wesentlich kürzerer Zeit weitaus umfänglicher und genauer erzielt werden. Das bedeutet im Gegenzug, dass eine innovative Außenform einer Schrift einzig über eine innovative Binnenstruktur zu erzielen ist. Man kann also sagen, dass cine wesentliche schriftgcstalterische Innovation ausschließlich über entsprechende Eingriffe in das jeweilige Programm der einzelnen Schriftzeichen möglich ist. Des Weiteren wird die bisherige Domäne des Schriftgestalters in Zukunft eher durch die Tätigkeit des Programmierers erscetzt werden, da es aufgrund der Fähigkeiten des Computers möglich sein wird, das bis dato gängige Beherrschen der Kalligrafiefeder über einen entsprechenden mathematischen Algorithmus bestimmen zu können.
<Ref./007> Eine Abgrenzung sowie Ncupositionierung des Tätigkeilsfeldes der Schriftgestalterin ist daher zwingend erforderlich. Die Anpassung an diese neuen Gegebenheiten wird zukünftig immer wichtiger werden, um eine entsprechende Kommunikation mit den immer menschlicher agierenden Maschinen weiterhin gewährleisten zu können. Dies erfordert jedoch eine neue Sprache und in der Folge entsprechend neue Codes. Wenn sich Schrift darüber hinaus als das sichtbare Ergebnis eines linearen Schreibprozesses definieren lässt, der auf einem ebenfalls linearen Denkmuster des Menschen beruht, dann wird sich eine neue Schrift folglich auch auf das Denken des Menschen auswirken. Man untersucht letztendlich also nicht nur das Wesen der Schrift, sondern gleichzeitig auch das Wesen des Menschen der Zukunft.
</>
</>
</>
</>
</>
</>
</>
</>
</>
</>
</>
</>
</>
<¶>

<Fig./010>

<Par./040> Artikel: Beobachtung

<¶>

<Par./041> Text: Roboter

</> Die Installation ›bios [bible]‹ <Fig./010-011> aus dem Jahr 2007 der 2000 von Matthias Gommel (*1970), Martina Haitz (*1970) und Jan Zappe (*1969) gegründeten freien Künstlergruppe robotlab besteht aus einem Industrieroboter, der – mit einer Schreibfeder ausgerüstet – in neun Monaten ohne Unterbrechungen den gesamten Textinhalt aller 66 Bücher der Bibel auf einzelne Papierbahnen kalligrafisch niederschreibt. <Ref./008> Interessant an dieser Installation ist vor allem die Präzision, mit der die Maschine die einzelnen, teilweise sehr komplexen Schreibbewegungen der gebrochenen Schriftformen ausführt. Ferner wird laut robotlab mit dem ‚Basic Input Output System' (BIOS) in der Computertechnologie eben jenes Bauteil bezeichnet, welches „die Vermittlung zwischen Hard- und Software koordiniert, und somit die unverzichtbare, grundlegende Software beinhaltet, mit der jeder Computer erst starten und Informationen verarbeiten kann. Es beinhaltet demnach jenes erste Programm, jene erste ursächliche Schrift, worauf jedes weitere Programm aufbaut." <Ref./009> Dieser transzendente Grundgedanke des Projekts hinsichtlich der Bedeutung von Schrift im Spannungsverhältnis von Glaube und Wissenschaft lässt sich unter anderem damit erklären, dass der Mensch nach der Auslagerung seiner immanenten Muskelkraft nun auch seine kognitiven Fähigkeiten auf die Maschinen überträgt und somit als Schöpfer gleichsam ein neues, höheres Abbild seiner Selbst erschafft, welches ihn auf lange Sicht wohl ersetzen wird. <Ref./010> Maschinen werden vom Menschen geschaffen, um ihm mühsame oder aufgezwungene Arbeiten zu erleichtern oder sogar abzunehmen. Die zu erledigende Tätigkeit bestimmt dabei maßgeblich die Erscheinung der Maschine und in gewisser Weise wird diese so zum Abbild des einst arbeitenden Menschen – zum Roboter.

</>
</>
</>
</>
</>
</>
</>
</>
</>
</>
</>
</>
</>
</>

<¶>

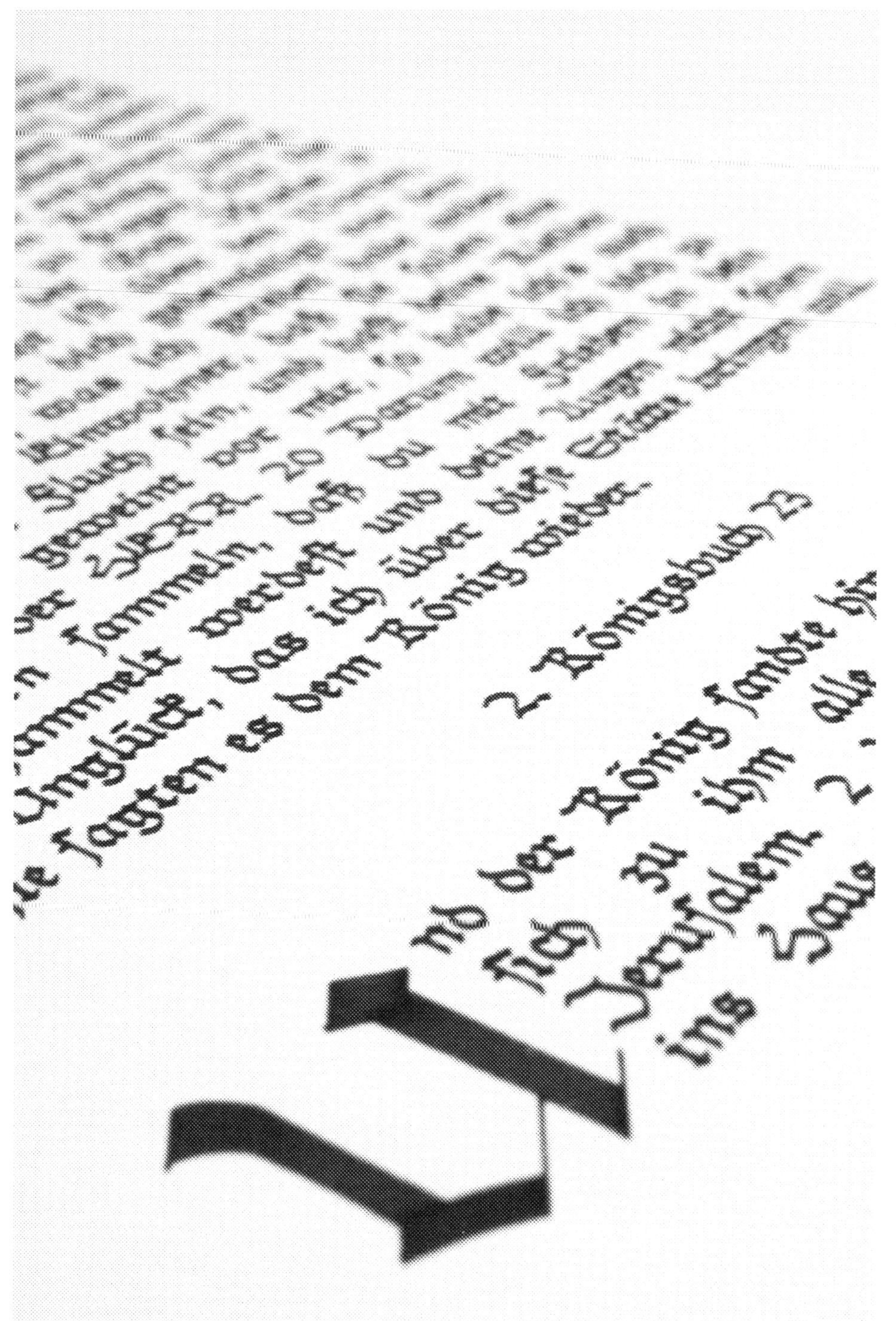
Unglück, das ich über diese Stätte
e sagten es dem König wieder.
2. Königsbuch 23
nd der König sandte hin
sich zu ihm alle
Jerusalem. 2
ins Haus

<Fig /011>

<Par./050> Artikel: Problemstellung
<¶>
<Par./051> Text: Kreativität
</> Diese Beobachtung zeigt recht eindrücklich, dass sich die innere Struktur der Schrift, also gewissermaßen ihr erstes, eingeschriebenes Programm, anders als die technologische Weiterentwicklung kaum oder nur minimal verändert hat. Das zeigt, dass viele Schriftarten des lateinischen Zeichensystems bei näherer Betrachtung auf einem nahezu identischen Grundprinzip aufzubauen scheinen. <Ref./011> Dies deshalb, weil sich Schriftgestalter seit der Erfindung des Buchdrucks hauptsächlich auf die Gestaltung der äußeren Form der einzelnen Schriftzeichen konzentriert haben, ohne ihre innere Struktur zu hinterfragen. Oftmals werden bestehende Schriften lediglich durch minimale Eingriffe in die Außenform leicht abgeändert oder um einzelne Elemente wie etwa Serifen ergänzt, um so zu einer neuen Schrift zu gelangen. Die Stärken und Möglichkeiten beziehungsweise die spezifischen Besonderheiten des Computers als universelles Schriftgestaltungswerkzeug bleiben dabei weitestgehend ungenutzt. Das Potenzial des Rechners – Möglichkeiten der Programmierung und Automatisierung einzelner Gestaltungsprozesse – wird nicht adäquat ausgeschöpft. <Ref./012> Strukturelle Innovationen im Bereich der Schriftgestaltung sind auf diese Weise nicht zu erwarten. Sollte der Mensch hingegen seine kognitiven Fähigkeiten sowie sein einzigartiges Wissen an die Maschinen auslagern, ergäbe sich einerseits die Möglichkeit, sein spezifisches Fachwissen weiter zu steigern, <Ref./013> andererseits könnte sich auch die erhoffte Befreiung des Menschen von der Last der Arbeit durch die Maschinen genauso in die Unmündigkeit des Menschen und somit in ihr exaktes Gegenteil verkehren, da mittels künstlicher Intelligenz letztendlich menschliche Denkprozesse automatisiert werden. <Ref./014> Somit stellt sich unweigerlich die Frage nach dem Sinn und der Bedeutung einer zukünftigen beruflichen Ausbildung sowie Qualifikation des Menschen. Denn dies bedeutet einen signifikanten strukturellen Wandel hin zu einer freieren und exibleren inhaltlichen sowie methodischen Ausrichtung der Ausbildung im Bereich der Gestaltung, mit einer stärkeren Fokussierung auf die wesentliche Stärke des Menschen: seine Kreativität. <Ref./015>
</>
</>
</>
</>
</>
</>
</>
<¶>

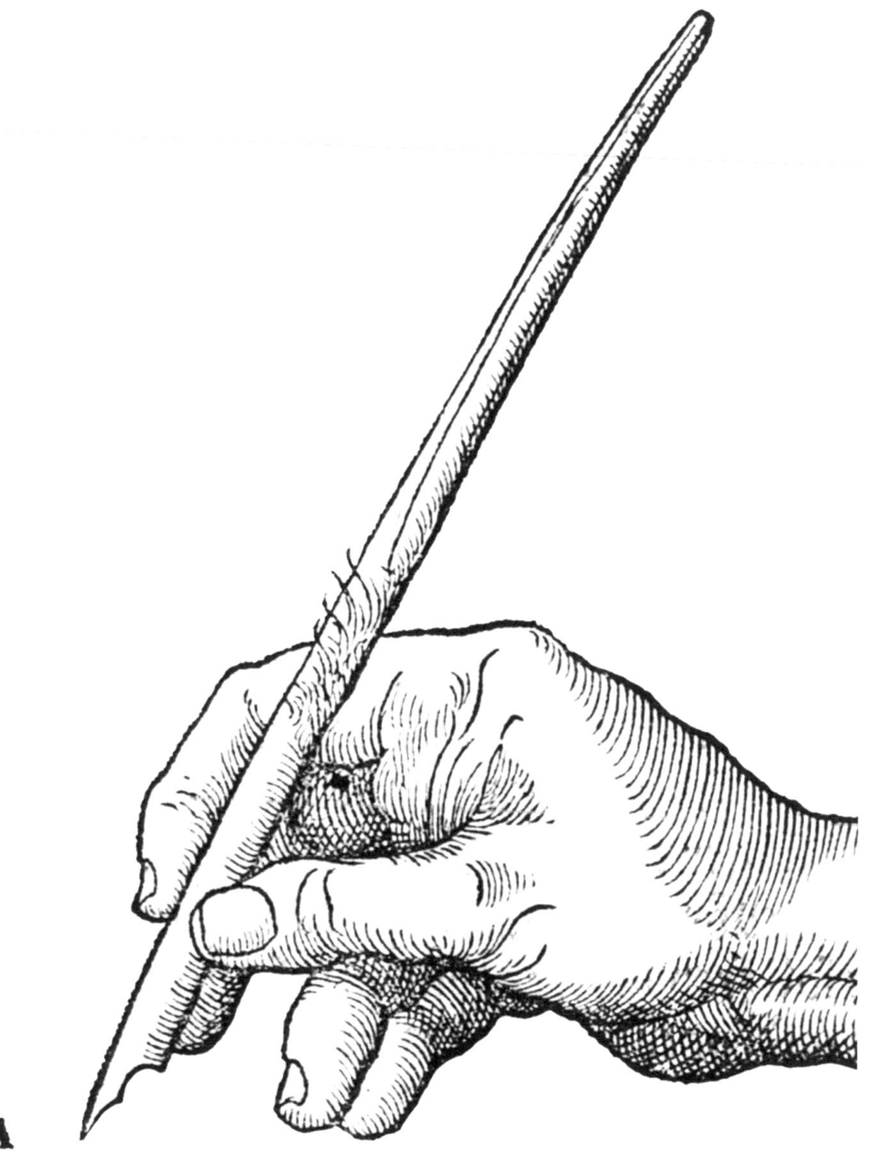

<Fig. /110>

<Par./100> Kapitel:

Script 1.0 – Kalligrafie

Ein gůtte fassůng vnnd fůe=
růng der federn, sampt ein=
er gůtten außstreckůng vnd
rechter zůsammenhaltůng
der finger

<Par./110> Artikel: Definition 1.0

<¶>

<Par./111> Text: Kalligrafie

</> Der Begriff Kalligrafie steht für eine Art des Schreibens, bei der die Formensprache der einzelnen Schriftzeichen gegenüber ihrem Bedeutungsgehalt im Vordergrund steht. Die grafische Formulierung eines Schriftzeichens hat dabei gewissermaßen einem vorbestimmten Schönheitsideal zu entsprechen, denn: „Calligraphy is handwriting pursued for its own sake, dedicated to the quality of the shapes.“ <Ref./016> Wolfgang Fugger (1519–1568) spricht in seinem Buch ›Ein nutzlich vnd wolgegrundt Formular […]‹ aus dem Jahr 1553 von „ein[er] gutte[n] Fassung und Fuerung der Federn“ <Fig./110 111>. Er beschreibt des Weiteren, dass sich eine schlechte Handhabung der Schreibfeder negativ auf das somit erzeugte Schriftbild auswirkt. <Ref./017> Interessant ist hierbei, dass Fugger der Erläuterung einer adäquaten Verwendung der Schreibfeder eine Handlungsanleitung zur korrekten Herstellung eines entsprechenden Schreibwerkzeugs voranstellt <Fig./112>. In der Kalligrafie stammt beginnend mit der Herstellung des Schreibwerkzeugs über die ideale Handhabung desselben während des Schreibprozesses bis hin zum unmittelbar auf dem Schreibgrund erzeugten Schriftzeichen der gesamte Produktionsprozess gewissermaßen aus einer Hand. Schreibwerkzeug, Schreibprozess und Schriftzeichen bedingen einander offensichtlich und stehen in einer engen Wechselbeziehung.

</>
</>
</>
</>
</>
</>
</>
</>
</>
</>
</>
</>
</>
</>
</>
</>
</>
</>
</>
</>
</>
<¶>

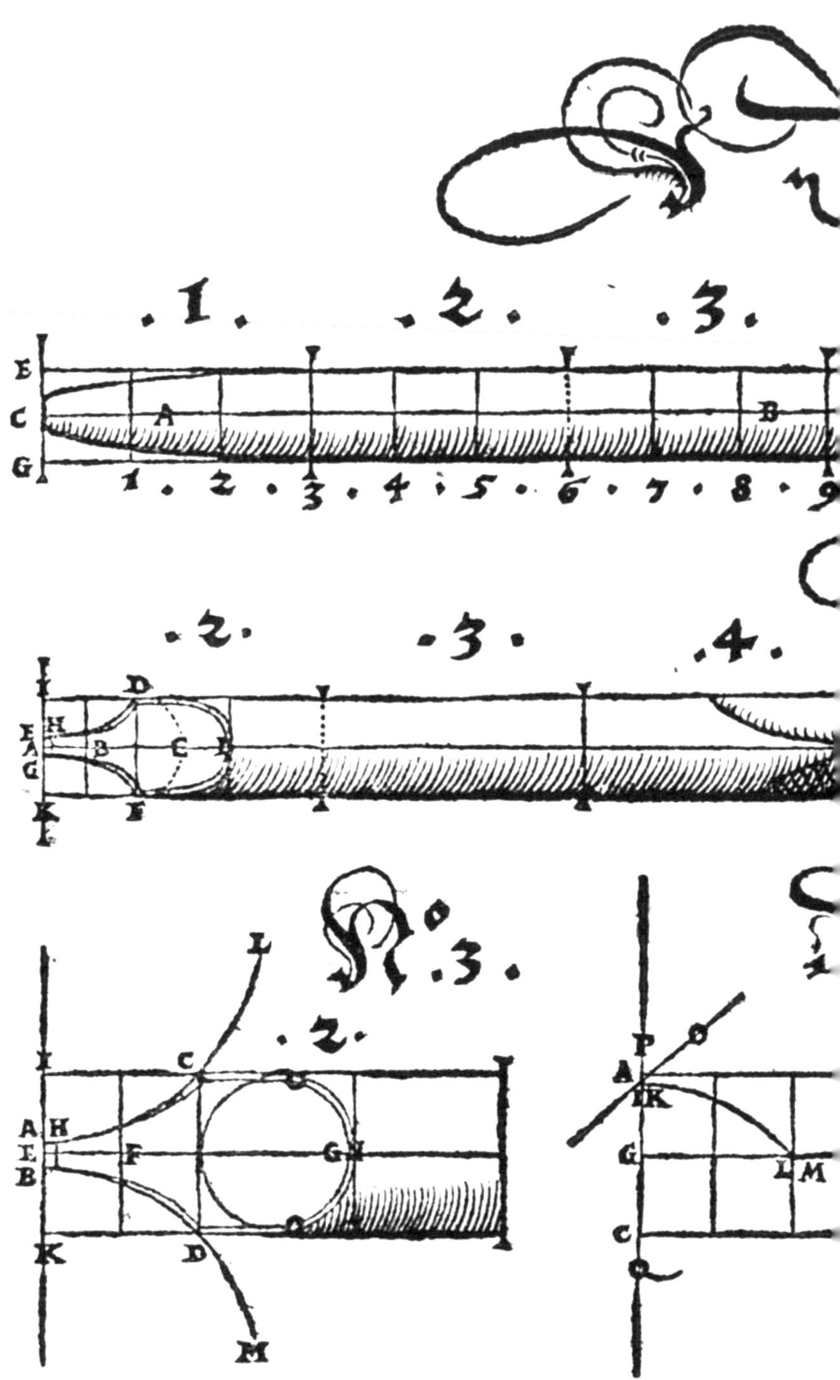
.1. .2. .3.
E
C
A
B
G
1 . 2 . 3 . 4 . 5 . 6 . 7 . 8 . 9
.2. .3. .4.
D
H
E
A
B
C
G
K
F
N°.3.
.2.
L
C
A H
E
F
G
B
K
D
M
P
O
A
K
G
L M
C
Q

<Fig. /112>

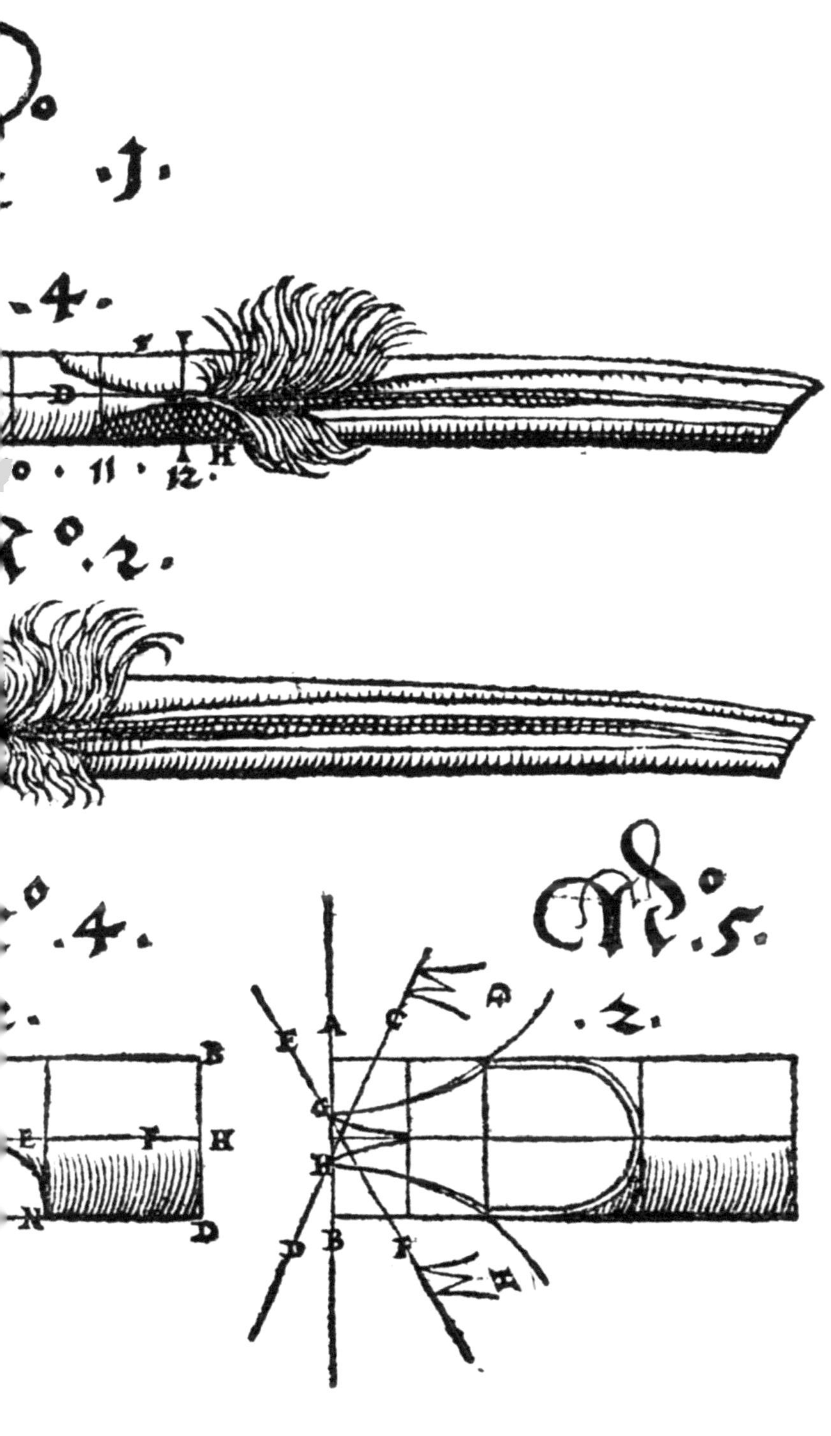

<Fig./121> <Fig./123>

<Fig./122> <Fig./124>

<Par./120> Artikel: Gestus versus Duktus
<¶>
<Par./121> Text: Gestus versus Duktus
</> Über die korrekte Führung der Schreibfeder während des Schreibprozesses <Ref./018> manifestiert sich in der Handbewegung des Schreibenden – dem Gestus – bereits die innere Struktur – der Duktus – eines Schriftzeichens. Auf diese Weise wird über den Gestus des Schreibenden der Duktus eines Schriftzeichens im Wesentlichen mitformuliert. Diese mitgeführte innere Struktur hat sich im Lauf der Zeit gewissermaßen als Systemstandard zur idealen Wiedergabe der einzelnen lateinischen Schriftzeichen in das Bewusstsein der Menschen eingeschrieben. <Ref./019> Man kann also sagen, dass Gestus und Duktus einander bedingen und beeinflussen. Ein Schriftzeichen besteht aus einer vorbestimmten Abfolge auf einem Schreibgrund ausgeführter und somit sichtbarer sowie nicht ausgeführter und somit unsichtbarer Handbewegungen des Schreibenden. Gerrit Noordzij (1931–2022) unterscheidet hierbei zwischen dem ‚unterbrochenen Duktus' <Fig./121–122> der aufrechten Schriftformen und dem ‚fortlaufenden Duktus' <Fig./123–124> der kursiven Schriftformen.<Ref./020> Dabei fokussiert er in seiner Analyse ausschließlich auf den spezifisch gerundeten Gestus der einzelnen Antiqua-Schriftarten. In Ergänzung hierzu wäre jedoch noch der charakteristisch gebrochene Gestus der diversen Fraktur-Schriftarten zu nennen. Prinzipiell lässt sich der an die bestimmten Konventionen des lateinischen Alphabets gebundene Duktus als die statische Komponente eines Schriftzeichens benennen. Er gibt dem Gestus als dynamische Komponente die nötige Orientierung bei der handschriftlichen Formulierung eines Schriftzeichens. Für François Rappo (*1955) bedeutet Kalligrafie daher „letztendlich nichts anderes als eine auf eine Graphik angewendete Dynamik […]. Diese manuelle Ausführung [von] Geometrie ist uns vertraut geworden, sie entspricht den Konventionen und prägt unsere Erwartungen an die Buchstaben eines Textes." <Ref./021>
</>
</>
</>
</>
</>
</>
</>
</>
</>
</>
</>
</>
</>
<¶>

<Fig./131>

<Fig./132>

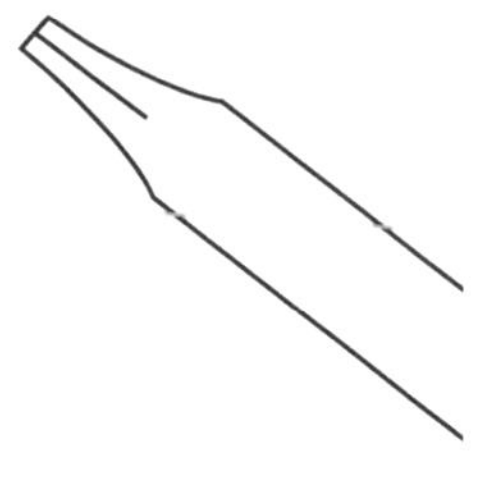

<Fig./133>

<Fig./134>

<Fig./135>

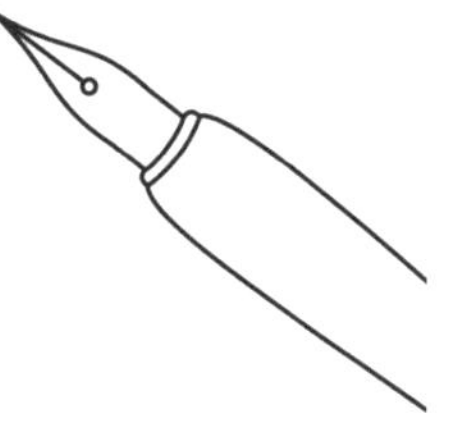

<Fig./136>

<Fig./137>

<Fig./138>

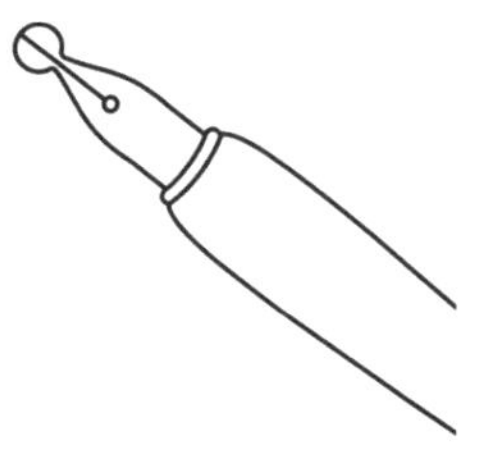

<Fig./139>

<Par./130> Artikel: Stilus versus Modus
<¶>
<Par./131> Text: Stilus versus Modus
</> Die äußere Form einer Schrift wird zum einen durch die spezifischen Merkmale des verwendeten Schreibwerkzeugs – den Stilus – und zum anderen durch die Art und Weise seiner Handhabung – den Modus – gebildet. Grundsätzlich werden die verschiedenen Schriftzeichen des lateinischen Alphabets aus einzelnen, sich wiederholenden Strichabfolgen beziehungsweise Federzügen zusammengesetzt. Noordzij unterscheidet dabei zwischen dem Wechselzug (Translation) der Breitfeder <Fig./131–133> sowie dem Schwellzug (Expansion) der Spitzfeder <Fig./134–136>. <Ref./022> Hendrik Weber (*1979) ergänzt diese Systematik um den Gleichzug (Kontinuation) der Rundfeder <Fig./137–139>, denn für ihn „gibt es drei Federarten, deren Spuren die Typografie prägten: breit, spitz und rund“. <Ref./023> Führt man diese Gedanken Noordzijs beziehungsweise Webers konsequenterweise fort, so ist dies von immenser Bedeutung für die aktuell gängige Praxis hinsichtlich der Klassifikation von Schrift. Bereits bestehende Versuche, die unlogische und überholte Klassifikation von Schrift gemäß DIN 16518 strukturell zu reformieren und Schriften somit nach sinnvolleren Kriterien zu ordnen, sind dabei nicht endgültig überzeugend. <Ref./024> Dementgegen würde eine Klassifikation von Schrift nach Noordzij beziehungsweise nach Weber zunächst einmal eine Sortierung unserer Schriften entsprechend der drei wesentlichen Stilarten, Translation, Expansion und Kontinuation bedeuten – bedingt durch die spezifischen Merkmale der jeweiligen Schreibwerkzeuge. Innerhalb dieser drei Stilarten könnte man dann wiederum zwischen den drei wesentlichen Zuständen Sans, Serif und Slab sowie den beiden wesentlichen Lagen Aufrecht und Kursiv einer Schrift unterscheiden – bedingt durch die spezifische Handhabung der jeweiligen Schreibwerkzeuge. Dieses Prinzip ließe sich nicht nur für die Klassifikation von Antiqua-Schriftarten einsetzen, sondern darüberhinaus auch, in gleicher Art und Weise, für eine entsprechende Klassifikation von Fraktur-Schriftarten.
</>
</>
</>
</>
</>
</>
</>
</>
</>
</>
</>
</>

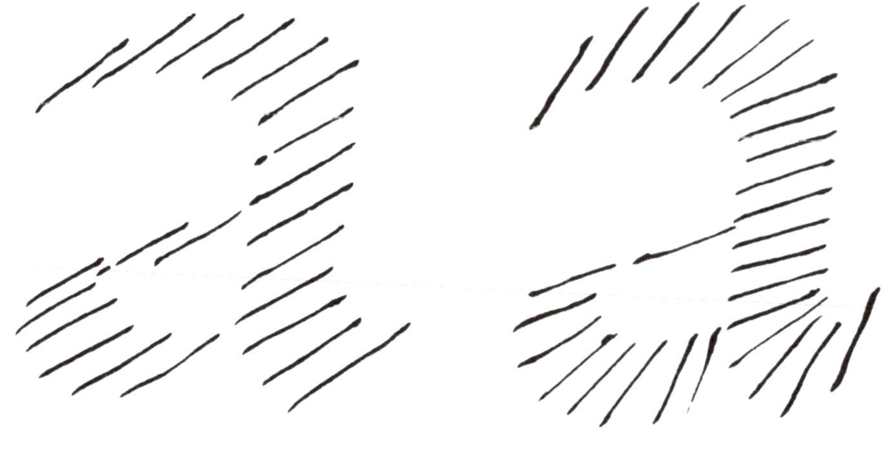

<Fig./141> <Fig./142>

</> Es lässt sich zudem feststellen, dass die spezifischen Charaktereigenschaften dieser drei Werkzeugformen auch entsprechenden Einfluss auf die Art und Weise ihrer jeweils korrekten Handhabung nehmen. Das bedeutet, dass jedes dieser Werkzeuge in seinem jeweils spezifischen Modus handzuhaben ist, um einen möglichst idealen Strichkontrast innerhalb der einzelnen Schriftzeichen erzielen zu können. Es lassen sich aber über eine abweichende Handhabung der Schreibwerkzeuge auch alternierende Strichkontraste erzeugen. Dies ist beispielsweise durch die Rotation der Breitfeder <Fig./141–142> während des Schreibens möglich. <Ref./025> Neben einer etwaig variierenden Breite sowie einer materiell unterschiedlichen Beschaffenheit der eingesetzten Werkzeugspitze, wie beispielsweise bei einem anstelle einer Feder verwendeten Pinsel, oder aber einer abweichenden Handhabung sowie Ausrichtung des Schreibwerkzeugs wirkt sich die individuelle Anatomie der eingesetzten Schreibhand jedes einzelnen Schreibenden maßgeblich auf die Qualität des somit erzeugten Schriftbildes eines Schriftzeichens aus.

</>
</>
</>
</>
</>
</>
</>
</>
</>
</>

<Fig./143>

</> Die spezifische Materialeigenschaft des Schreibstoffs, beispielsweise der verwendeten Tinte, sowie die charakteristische Oberflächenbeschaffenheit des Schreibgrunds, etwa des vorliegenden Papiers, beeinflussen darüber hinaus sowohl die während des Schreibprozesses aufzuwendende Intensität als auch die dabei mögliche Velozität hinsichtlich der Erzeugung eines entsprechenden Schriftzeichens. Während sich hierbei die Velozität einerseits auf die Dynamik, gleichzeitig aber auch auf die Präzision des jeweils ausgeführten Strichs auswirkt, hat die Intensität andererseits, aufgrund der variierend aufgewendeten Tension im Verlauf einer ausgeführten Schreibbewegung, eine entsprechende Auswirkung auf die Expansion des somit erzeugten Strichs und entspricht dabei in ihrer Handhabung dem spezifischen Charakter der Spitzfeder <Fig./143>. Eine ähnliche Auswirkung hat die Intensität eines ausgeführten Strichs hinsichtlich seiner möglichen Expansion infolge einer alternierenden Distanz des Schreibwerkzeugs zum Schreibgrund während der Schreibbewegung, beispielsweise beim Sprayen eines Graffiti mittels einer ‚Sprühfeder' <Fig./144>. Einzig die Kantenschärfe des somit erzeugten Strichs nimmt aufgrund der spezifischen Charaktereigenschaften des verwendeten Schreibwerkzeugs mit zunehmender Entfernung desselben von der Wandoberfläche stetig ab. Hierbei wird vor allem der räumliche Aspekt von Schrift sowie dessen mögliche Auswirkung auf die äußere Form eines Schriftzeichens recht deutlich erkennbar.
</>
</>
</>
<¶>

<Fig./144>

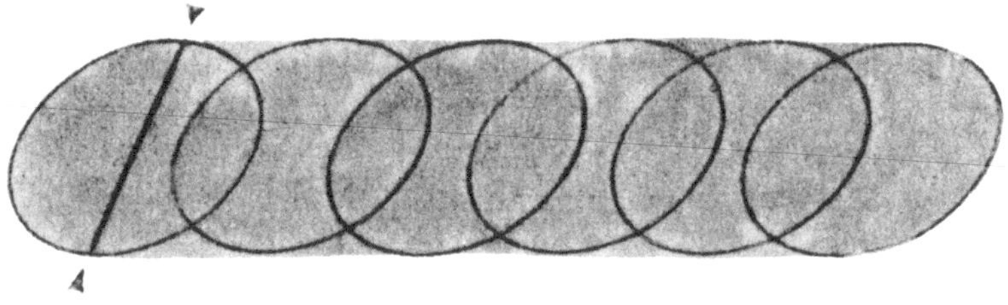

<Fig./151>

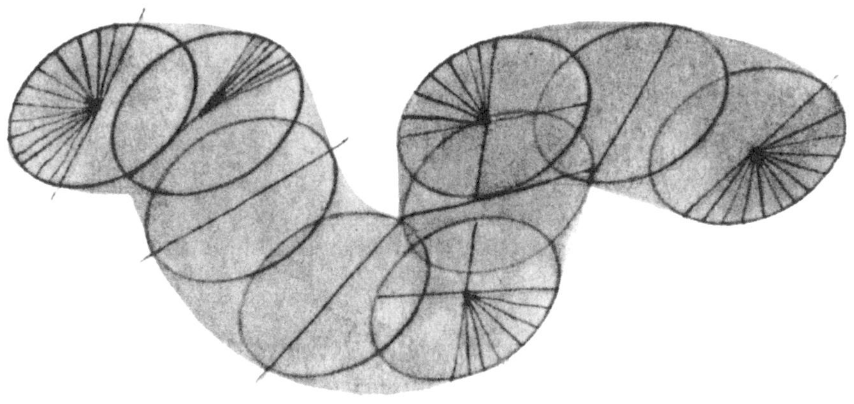

<Fig./152>

<Par./140> Artikel: Typos versus Eidos
<¶>
<Par./141> Text: Typos versus Eidos
</> Die innere Struktur – der Duktus – eines Schriftzeichens bedingt also zwangsläufig dessen äußere Kontur – den Typos – denn „we cannot postpone a shape by drawing outlines first, because any drawing […] begins with a shape". <Ref./026> Die Kontur eines Schriftzeichens ergibt sich dabei laut Noordzij aus der Abfolge der beiden sich stetig gegenüberliegenden Extrempunkte des typischen Abdrucks einer angewendeten Werkzeugspitze während des Schreibprozesses <Fig./151>. Dieses Prinzip bleibt auch im Fall einer Richtungsänderung des Werkzeugs gültig <Fig./152>. Für Noordzij ist es jedoch zwingend erforderlich „to distinguish clearly between the direction of a stroke and the direction of a contour of the stroke: the direction of the stroke is the direction of the heartline". <Ref./027> Diese ‚Herzlinie' eines Strichs wird in der Summe beziehungsweise in der Verbindung der einzelnen, zentralen Fixpunkte sämtlicher ausgeführter Abdrücke eines Werkzeugs sichtbar. Die angewendete Werkzeugspitze bewegt beziehungsweise dreht sich dabei während des Schreibprozesses und je nach Richtung des ausgeführten Strichs gewissermaßen in arretierter Art und Weise um diese Fixpunkte herum. Aufgrund der Tatsache, dass der Duktus als die ‚Herzlinie' einer Schrift sehr stark an die festgelegten Konventionen des lateinischen Alphabets gebunden ist, wird für Frutiger folglich „eine gemeinsame Grundform der Textschriften […] nachweisbar". <Ref./028> Dies hat zur Folge, dass sich die Proportionsverhältnisse vieler unserer heute gebräuchlichen Schriften seit der Antike nur minimal verändert haben. Und es erklärt, weshalb viele zeitgenössische Schriftgestalterinnen nach wie vor versuchen, möglichst nicht von dieser nahezu archetypischen Ideallinie – dem Eidos – abzuweichen <Fig./161>. Und so wird weiterhin „um den skeletthaften Grundstrich eines Buchstabens herum […] der eigentliche Charakter modelliert". <Ref./029> Dieser Aspekt lässt sich dabei spätestens in der Entwicklung der ›Scala‹ von Martin Majoor (*1960) aus dem Jahr 1989 <Ref./030> oder etwa der ›Oneliner‹ von Aad van Dommelen (*1956) aus dem Jahr 2000 <Ref./031> als gestalterisches Grundprinzip wiederfinden.
</>
</>
</>
</>
</>
</>
</>
</>
<¶>

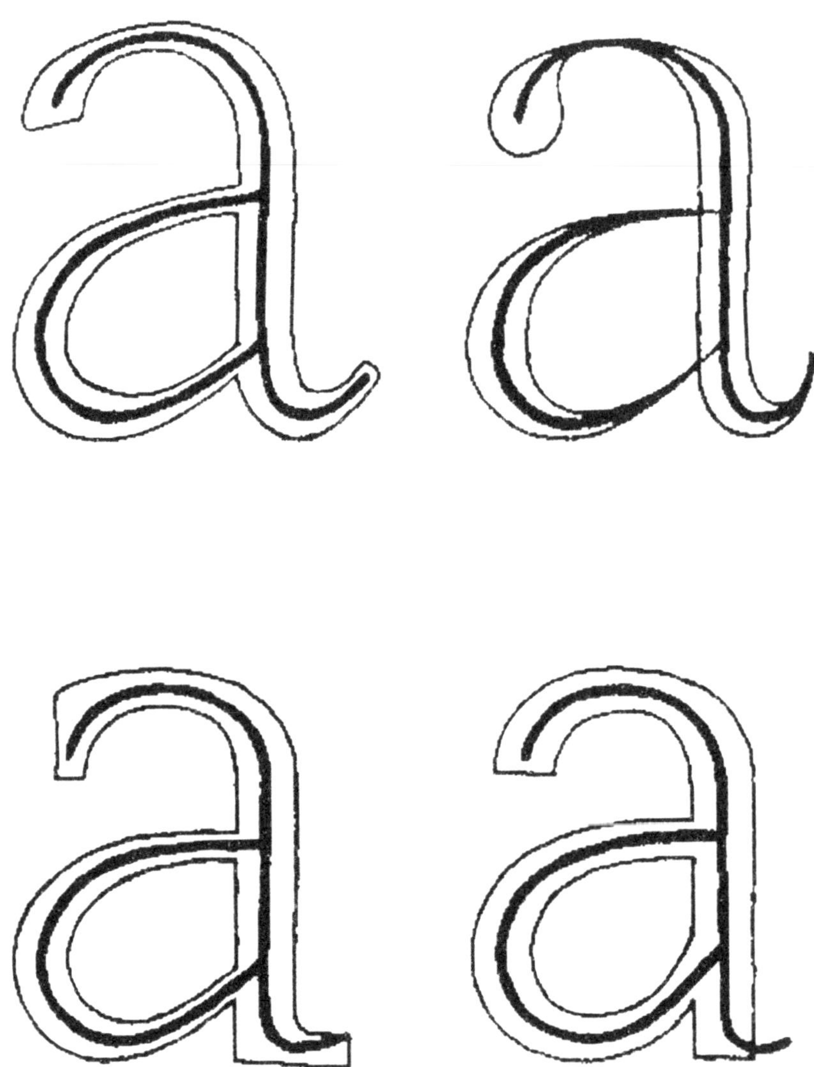

<Fig./161>

<Par./150> Artikel: Rekapitulation 1.0
<¶>
<Par./151> Text: Dynamik
</> Das kalligrafische Schreiben unterliegt also bestimmten Regeln, um einer möglichst idealen Schriftform nahekommen zu können. <Ref./032> Das heißt, den einzelnen Schriftzeichen ist gewissermaßen bereits ein Programm eingeschrieben, dem das jeweilige Schreibwerkzeug gemäß seinen spezifischen Eigenschaften lediglich zu folgen hat. Kalligrafie lässt sich folglich als formalisierter Schreibprozess definieren, bei dem die Handbewegung des Schreibenden – der Gestus – der vorbestimmten inneren Struktur der einzelnen Schriftzeichen – dem Duktus – zu folgen hat. Über die Merkmale des verwendeten Schreibwerkzeugs – den Stilus – und über dessen entsprechende Handhabung – den Modus – ergibt sich dabei die jeweilige Außenform – der Typos – der einzelnen Schriftzeichen quasi automatisch. Wenn wir offensichtlich bereits eine solch ideale Binnenstruktur – den Eidos – in unserer Schrift gefunden haben, ist es folglich einzig eine Frage der Zeit, bis wir die ideale Außenform dafür finden werden. Dabei ist auch „durchaus ein anderes Repertoire graphischer Kurven denkbar, das sich aus einer anderen Dynamik ableitet“. <Ref./033> Interessant ist zudem, dass im Verlauf des kalligrafischen Schreibprozesses und des damit verbundenen stetig wechselnden Auf- und Absetzens des Schreibwerkzeugs auf dem verwendeten Schreibgrund bereits eine gewisse dreidimensionale Dynamik zur Erzeugung der einzelnen Schriftzeichen ablesbar wird, was einen weiteren, nicht ganz unwesentlichen Aspekt von Schrift darstellt.
</>
</>
</>
</>
</>
</>
</>
</>
</>
</>
</>
</>
</>
</>
</>
</>
</>
</>
</>
<¶>

IMPCAE
TRAIAN
MAXIMO
ADDECLA
MONSETLO

<Fig /210>

<Par./200> Kapitel:

Script 2.0 – Typografie

<Fig./211>

<Par./210> Artikel: Definition 2.0
<¶>
<Par./211> Text: Typografie
</> Der Begriff Typografie impliziert, dass es sich entgegen den Prinzipien der Kalligrafie um eine gänzlich andere Form des Schreibens handelt, bei welcher vielmehr der Schriftumriss einer sogenannten Type im Mittelpunkt des Interesses steht. Typografie lässt sich demnach als ein Schreibprozess verstehen, bei dem versucht wird, eine bereits existierende Vorlage möglichst genau zu umschreiben. Der wesentliche Unterschied zwischen Typografie und Kalligrafie besteht gewissermaßen darin, dass die einzelnen Schriftzeichen in der Kalligrafie prinzipiell geschrieben werden, wohingegen sie in der Typografie substanziell beschrieben werden. Dieser grundsätzliche Aspekt zieht sich, ausgehend vom Bleisatz über den Fotosatz bis hin zum aktuell gängigen Computersatz, durch sämtliche technischen Weiterentwicklungen im Bereich der Typografie. Von der handschriftlichen Vorlage über die Arbeit des Stempelschneiders bis hin zur Digitalisierung eines Schriftzeichens kann man feststellen, dass sich lediglich die äußere Kontur der Schrift verändert hat, ihre innere Struktur jedoch weitestgehend unverändert geblieben ist. In gewisser Weise lässt sich die Typografie mit dem Prinzip der Bildhauerei gleichsetzen, denn Typografie ist das in Stein gemeißelte und dabei idealisierte Abbild einer ehemals kalligrafischen Schreibbewegung. Man könnte folglich sagen, dass die kalligrafisch ausgeführte Schreibbewegung das einzelne Schriftzeichen unmittelbar erzeugt, während es zu typografischen Reproduktionszwecken gewissermaßen erstarrt. Somit stellt die Erfindung des Buchdrucks mit beweglichen Bleilettern durch Johannes Gutenberg (1397–1468) um das Jahr 1450 <Ref./034> lediglich eine Art analogen Kopierapparat zur effizienteren Vervielfältigung von Handschriften dar.
</>
</>
</>
</>
</>
</>
</>
</>
</>
</>
</>
</>
</>
</>
</>
<¶>

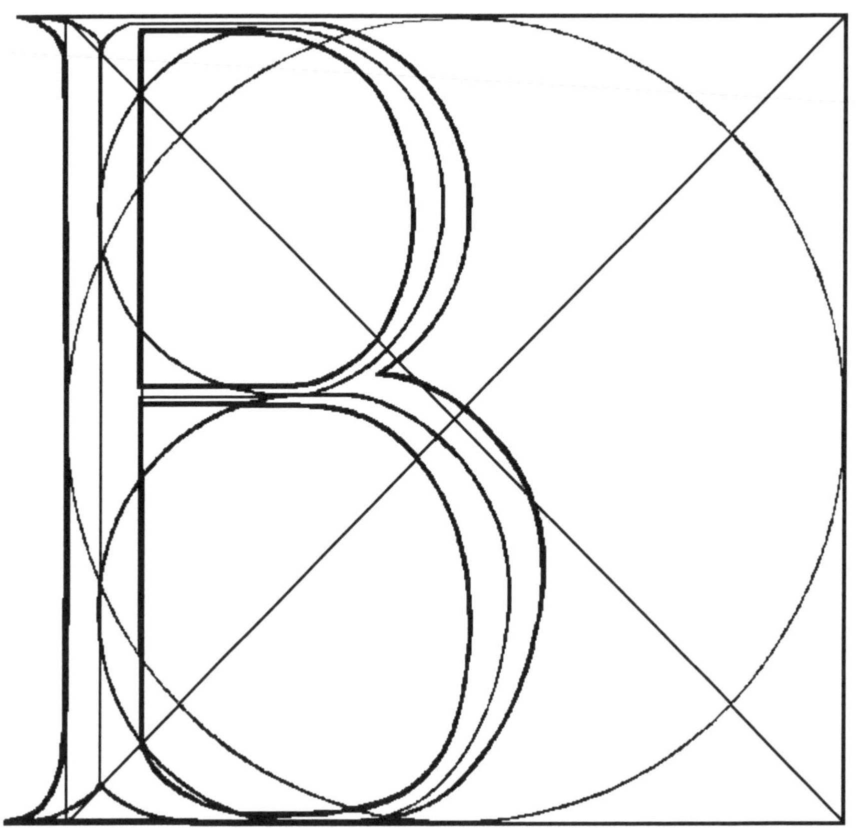

<Fig. /221>

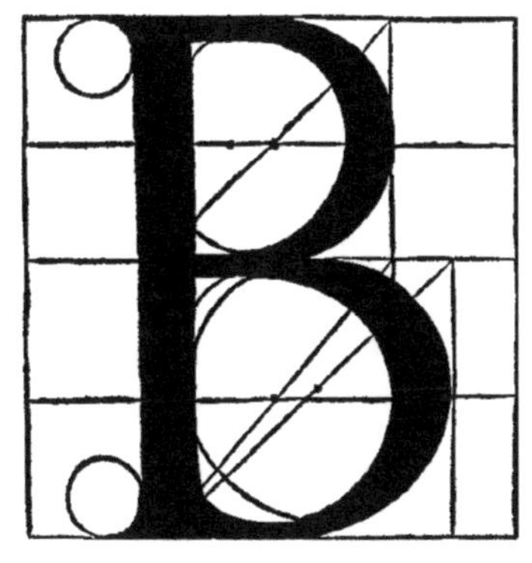

<Fig./222>

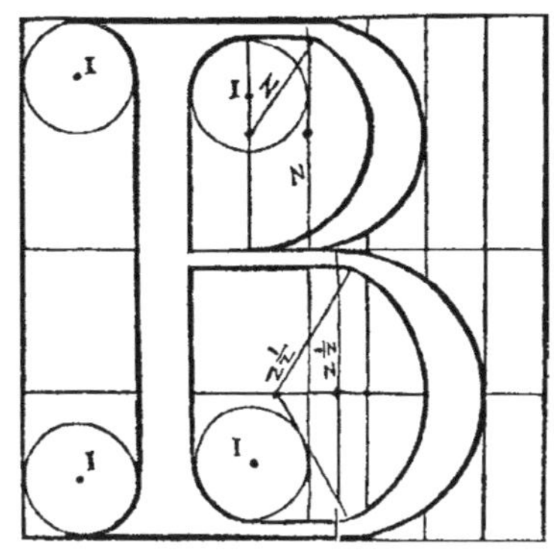

<Fig./223>

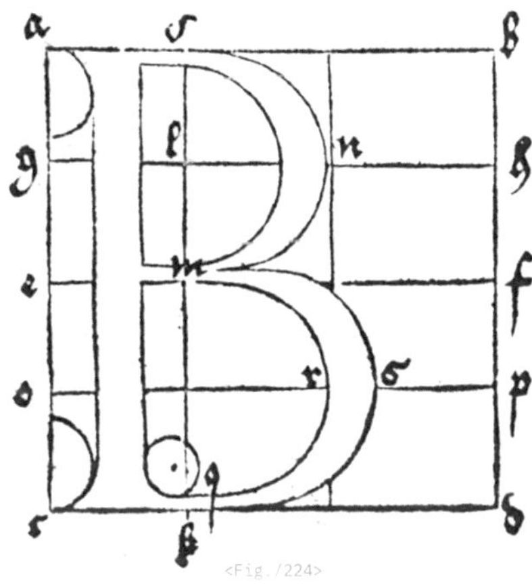

<Fig./224>

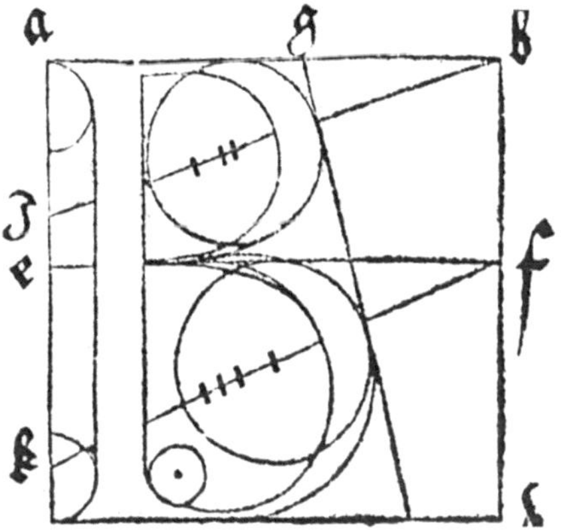

<Fig./225>

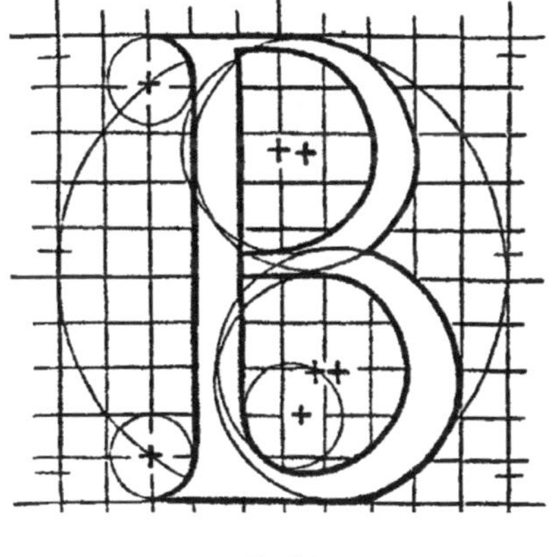

<Fig./226>

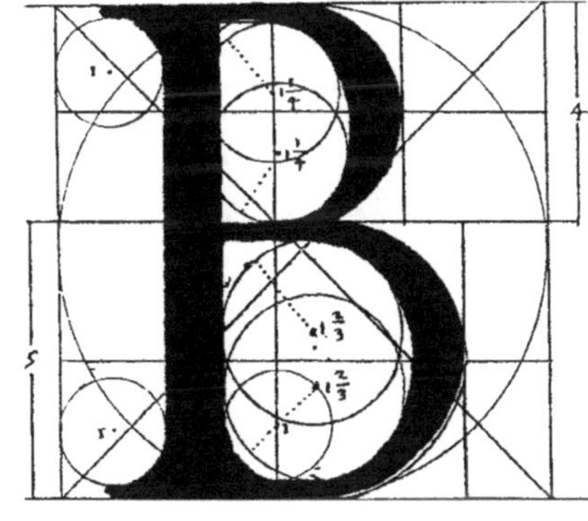

<Fig./227>

FUrter mach das. b. in seiner fierung.a.b.c.d. also/Erstlich teyl die fierung mit einer zwerchlini.e.f. in zwey teyl.darnach teyl.a.b.vnd.e.f. mit einer lini.g.h.auch in zwey teyl.darnach setz den ersten aufrechten breyten strich des bustaben so weyt in die fierung von der lini.a.c.so breyt der strich ist. Darnach zeuch ein aufrechte lini.i.k. hinter des bustaben strich gegen der mit eyn zehenteyl weyt von der fierung seyten leng/vnd wo sie durch schneydet die lini. g. h. da setz ein.l. Darnach zeuch die dunnen zwerchstrich von dem aufrechten strich des bustabē da von die zwen runden beuch gezogen werden biß an die aufrechten.i.k. oben vnder der lini.a.b.vnd ob der lini.e.f.vnd ob der lini.c.d. Darnach setz ein cirkel mit dem einen fues in den puncten.l. vnd reyß mit dem anderen innen von den zwerch strichē ein halben cirkel/also dz bede ende der cirkellini an der aufrechtē lini.i.k. vnder.a.b. vñ ob.e.f. die kurtzē zwerch strich růrē. Darnach teyldes pustabē schmalen zwerch zug ob.e.f.an der lini.i.k.mit einem puncten.m.in der mitt von einander. Darnach setz auf der lini.g.h.die breyte des bustaben strich mit einem puncten. n. hinder die cirkellini. Darnach zeuch auß dem puncten. m. ob.e. f. ein kurtze zwerch lini gegen dem.f.so weyt du der bedarffst. Darnach reyß ein halben cirkel der dise obgemelte lini das.n.vñ oben die zwerch lini.a.b.růre/darnach reyß durch den punctē.n. ein aufrechte lini/dise all růren innen die holen des bauchs/wie sie oben aussen den bauch růren.Darnach zeuch den zwerch zug ob.c.d.so lang gegē dē.d.als du des bedarffst/da hin setz ein.q.Darnach teyl.m.q.mit einer zwerchen.o.p.in zwey teyl/vñ wo sie die lini.n.vō einand' schneydet/da setz ein.r.Darnach reiß ein halbe cirkellini die da růr die zwerchen/e.f. den punctē.r.vnd dz.q. Darnach setz die preyten des pustaben zug mit einem puncten.s. hinder das.r.ob der lini. o. p. vnd reyß ein halben cirkel der da růr die lini.m. den puncten. s. vnd die lini.c.d. also beleyben im pustaben drey winckel/aber in den vndersten winckel reiß ein runde außhölůng mit einem cirkel des halben Diameter zwey driteyl von des pustaben breytē strich hab. Aber die eusser ausschweyffung oben vnd vnden an dem geraden zug des bustaben mach mit einem cirkel des halber Dicameter des bustabens strich breyten hab.

Oder mach das. b. also teyl die seyten der fierung. a. b. in neun teyl/vnd schneyd die oberen vier teyl mit einer zwerch lini.e.f.ab.Darnach mach den aufrechten zug wie vor beschriben ist/aber den oberen bauch mach zwischen.a.b.vnd.e.f.vnd den vnderen zeuch zwischen.e.f.vnd.c.d. Darnach teyl. a.b. in neun felt/vñ schneyd die vier felt gegen dem.b.mit einem puncten.g.ab. Darnach teyl.c.d.in fünf felt/vnd das negst bey dem.d.schneyd mit einem puncten. h. ab. Darnach zeuch ein lini.g.h.dise lini muß aussen den oberen vnd vnderen bauch anrůren/aber dise beuch můsen einer sůnderen weyß gezogen werden vnd der cirkel zů den runden zůgen auf den ort linien versetzt/die selben zwen ortstrich mach also/teyl.a.e. in vier felt das negst bey dem.e.punctir mit einem. i. Darnach punctir das negst fünf teyl von.e.c.ob dem.e.mit einem puncten. k. Darnach zeuch.i.b.vnd.k.f.gerad zůsamen/auf disen linien ruck den cirkel vnd reyß die zwen den oberen vnd vnderen bauch so werdē sie oben dicker dañ vnden/wie das die feder gibt/darumb werden dise beuch nit cirkel rund/dann du must den cirkel auf der ortlini versetzē/vñ denacht mit dem handzug darzů helffen. Wie jch das hernach hab auf gerissen.

<Fig. /228>

<Par./220> Artikel: Geometrischer Typus
<¶>
<Par./221> Text: Geometrie
</> Während der Zeit der Renaissance im späten 15. und frühen 16. Jahrhundert vermutete man mit der Rückbesinnung auf die Ideale der griechisch-römischen Antike eine allgemeingültige Geometrie in der als ideal erachteten Formensprache römischer Steininschriften, wie etwa der ›Capitalis Monumentalis‹. <Ref./035> Mit Zirkel und unskaliertem Lineal wurden dabei nach dem Euklidischen Prinzip zahlreiche Versuche einer mathematisch genauen Beschreibung der einzelnen lateinischen Versalien unternommen. Sämtliche der hier dargestellten Konstruktionsansätze <Fig./221–227> basieren auf einem den zu beschreibenden Buchstaben umfassenden Quadrat, das wiederum aus unterschiedlich vielen und komplexen Unterteilungen besteht. Ist die zeichnerische Unterteilung des den Buchstaben umfassenden Quadrats in Felice Felicianos (1433–1479) Buch ›Alphabetum Romanum […]‹ <Fig./221> aus dem Jahr 1463 noch relativ grob gehalten, so deutet sich in Geoffroy Torys (1480–1533) Buch ›Champfleury […]‹ <Fig./226> aus dem Jahr 1529 bereits eine sehr feine Unterteilung dieses Quadrats in mehrere einheitlich große Teilbereiche an. Einige dieser Konstruktionszeichnungen, wie sie etwa auch in Albrecht Dürers (1471–1528) Buch ›Underweysung der messung […]‹ <Fig./224–225> aus dem Jahr 1525 zu finden sind, werden zudem mittels einer detaillierten Konstruktionsanleitung in textlicher Form beschrieben. <Ref./036> Interessant ist vor allem, dass Dürer hier zwei alternative Konstruktionszeichnungen beziehungsweise -anleitungen für ein und denselben Buchstaben ‚B‘ vorschlägt. Diese beiden Konstruktionsanleitungen <Fig./228> unterscheiden sich zunächst in ihrer textlichen Länge, was sich wiederum in der jeweils unterschiedlich ausgeprägten Komplexität ihrer entsprechenden Konstruktionszeichnungen widerspiegelt. Hieraus lässt sich schließen, dass eine alternierende mathematische Beschreibung ein und desselben Buchstabens nicht ausreichend präzise beziehungsweise eindeutig und deshalb offensichtlich kein universell gültiges Konstruktionsprinzip sein kann. Aufgrund der zeitlichen Nähe der einzelnen Ansätze ist darüber hinaus anzunehmen, dass sich die jeweiligen Urheber aufeinander bezogen und gegenseitig beeinflusst haben müssen. <Ref./037>
</>
</>
</>
</>
</>
</>
</>
</>

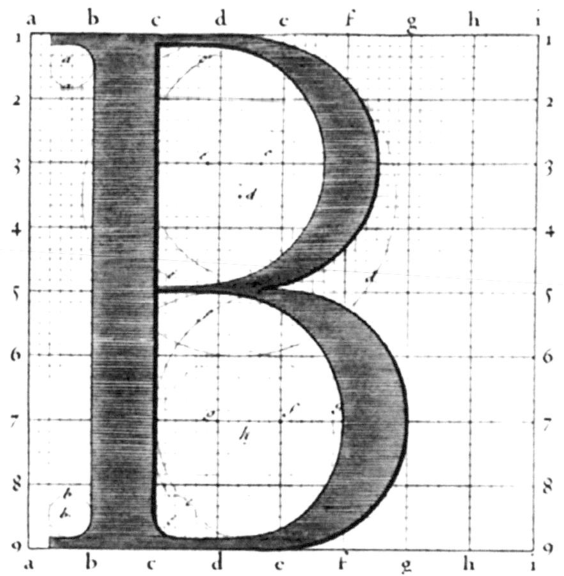

<Fig./231>

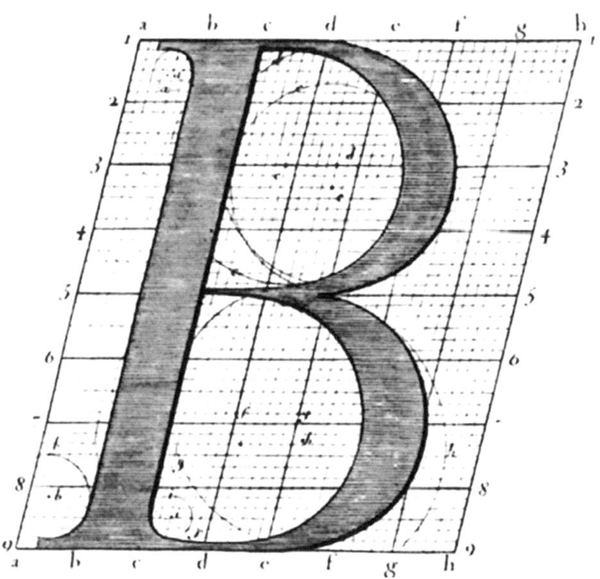

<Fig./232>

</> Dennoch bleibt Felicianos Konstruktionsansatz trotz seiner offenkundigen Einfachheit gegenüber allen späteren Ansätzen der einzige, der die innere Struktur des Buchstabens explizit darstellt. Diese ‚Herzlinie' lässt sich dabei sehr deutlich in der tiefsten Stelle der v-förmigen Einkerbung eines entsprechenden Buchstabens ‚B' im Stein wiedererkennen. Beispielsweise in der antiken römischen Sockelinschrift der ›Trajanssäule‹ <Fig./210-211> – in ihrem Original ungefähr zwischen den Jahren 112 und 113 nach Christus in Rom errichtet –, hier dargestellt als Gipsabdruck von circa 1864. Aufgrund der technischen Möglichkeiten des aufkommenden Kupferstichverfahrens im späten 17. und frühen 18. Jahrhundert mündete diese Entwicklung 1692 schließlich im äußerst feinen Raster der sogenannten ›Romain du Roi‹ <Fig./231-232>. Die Auflösung dieser Schrift in 48×48 Rastereinheiten ermöglichte eine sehr präzise Beschreibung der einzelnen Schriftdetails anhand genau vordefinierter Referenzpunkte. Entgegen den zuvor aufgeführten Beispielen aus der Zeit der Renaissance wird hier nicht versucht, eine bestehende, als ideal angesehene Schriftform mittels einer bestimmten mathematischen Methode möglichst genau zu beschreiben. Vielmehr wird mit der ›Romain du Roi‹ das mathematische Prinzip selbst zum formgebenden Ideal erhoben, was zu einer völlig neuen und eigenständigen Schriftform führt. <Ref./038> Diese Form der Darstellung entspricht einer nahezu selbsterklärenden technischen Zeichnung, aus der sich sämtliche zur adäquaten Reproduktion der Schrift benötigten Informationen eindeutig und unmissverständlich ablesen lassen.

</>
</>
</>
</>
</>
</>
</>
</>
</>
</>
</>
</>
</>
</>
</>
</>
</>
</>
</>
</>
</>

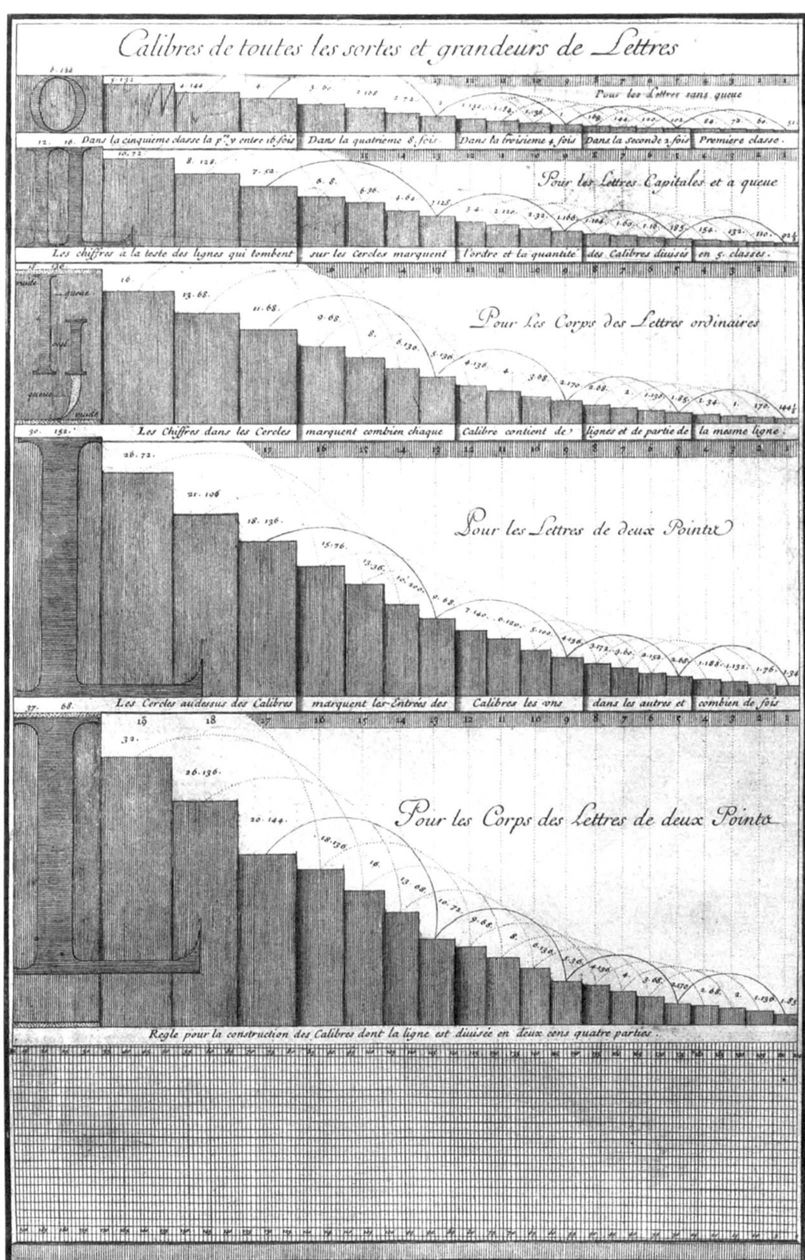
Calibres de toutes les sortes et grandeurs de Lettres
Pour les Lettres sans queue
Dans la cinquieme classe la p.re y entre 16 fois
Dans la quatrieme 8 fois
Dans la troisieme 4 fois
Dans la seconde 2 fois
Premiere classe.
Pour les Lettres Capitales et a queue
Les chiffres a la teste des lignes qui tombent
sur les Cercles marquent
l'ordre et la quantité
des Calibres diuisés
en 5. classes.
Pour les Corps des Lettres ordinaires
Les Chiffres dans les Cercles
marquent combien chaque
Calibre contient de
lignes et de partie de
la mesme ligne.
Pour les Lettres de deux Points
Les Cercles audessus des Calibres
marquent les Entrées des
Calibres les vns
dans les autres et
combien de fois
Pour les Corps des Lettres de deux Points
Regle pour la construction des Calibres dont la ligne est diuisée en deux cens quatre parties.

<Fig. /24>

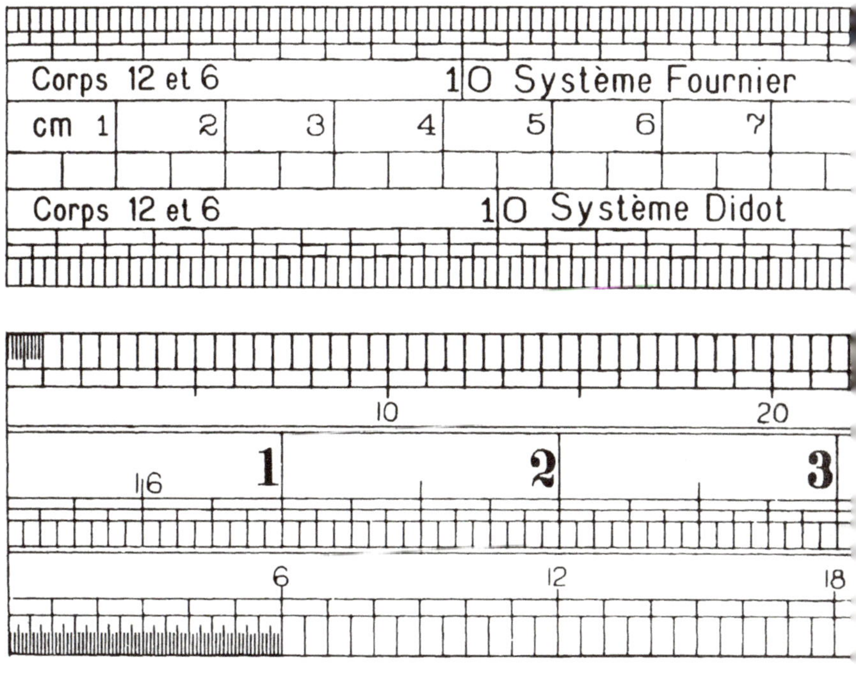

<Fig./242>

</> Sébastien Truchet (1657–1729) entwickelte als Mitglied der 1693 gegründeten und mit der Gestaltung der ›Romain du Roi‹ beauftragten Bignon-Kommission zudem das erste einheitliche System zur Messung von Schrift. Diesem typografischen Maßsystem <Fig./241> lag der Punkt als kleinste Einheit zugrunde. <Ref./039> Dieses Prinzip <Fig./242> wurde 1737 zunächst von Pierre-Simon Fournier (1712–1768) mit dem Fournier-Punkt übernommen und 1780 durch François-Ambroise Didot (1730–1804) mit dem Didot-Punkt weiterentwickelt. <Ref./040> Es hat sich mit dem 1984 durch Adobe eingeführten PostScript-Punkt als Maßeinheit für den Schriftsatz bis heute in sämtlichen gängigen Programmen des Desktop-Publishings (DTP) erhalten. Wobei sich die Messgröße des nunmehr digitalen PostScript-Punkts inkonsequenterweise nach wie vor auf die ursprünglich analogen Bleisatz-Kegelhöhen einer Schrift bezieht, nicht jedoch auf ihre tatsächlich sichtbaren Versalhöhen.
</>
<¶>

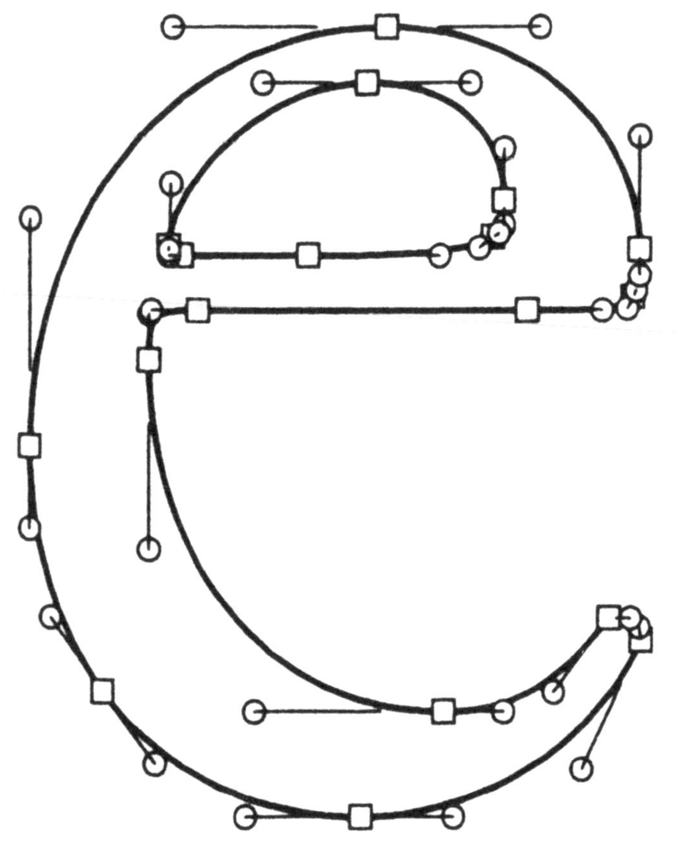

<Fig. 251>

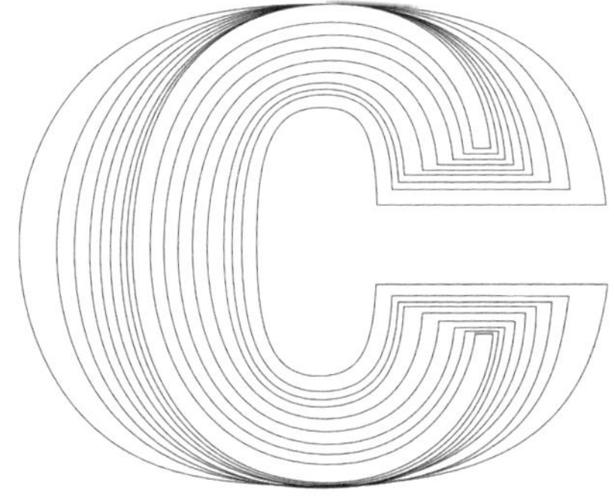

<Fig. 252>

<Par./230> Artikel: Parametrischer Typus
<¶>
<Par./231> Text: Parametrie
</> Digitalisierte Schriftkonturen <Fig./251> werden in Form von Vektoren dargestellt. Diese tragen unterschiedliche Arten von sogenannten Ankerpunkten, welche die Kontur eines Schriftzeichens in einzelne Segmente unterteilen. Die einzelnen Ankerpunkte beinhalten dabei die wesentlichen Informationen über die genaue Linienführung der Schriftkontur zwischen den einzelnen Segmenten. <Ref./041> Da Vektoren mittels mathematischer Funktionen, den Anfang der 1960er-Jahre entwickelten und nach Pierre Étienne Bézier (1910–1999) benannten Bézierkurven, beschrieben werden, sind sie folglich an keinen stofflichen Maßstab mehr gebunden. Das bedeutet, dass sie in ihrer entmaterialisierten Form unendlich skalierbar sind. Somit kann zwischen den unterschiedlichen Schnitten (Stärken, Breiten und Lagen) einer Schrift entlang vorbestimmter Achsen stufenlos interpoliert beziehungsweise extrapoliert werden. <Ref./042> Auf diese Weise können beliebig viele und vor allem auch formal konsistente Abstufungen <Fig./252> zwischen den beiden vorab definierten Extremen einer Schrift quasi automatisch generiert werden. Dieses Prinzip der Interpolation beziehungsweise der Extrapolation bezieht sich zunächst lediglich auf die variable oder stufenlose Ausdehnung der äußeren Kontur einer Schrift. Es hat dabei jedoch unweigerlich einen direkten Einfluss auf die innere Struktur der einzelnen Schriftzeichen, die sich beispielsweise bei einem sehr engen Schriftschnitt in ihrer Proportion deutlich von einem sehr weiten Schriftschnitt innerhalb derselben Schrift unterscheidet. Gleiches gilt für einen aufrechten gegenüber einem geneigten Schriftschnitt. Das bedeutet, dass eine Schrift nicht nur auf einer einzigen, statischen, inneren Struktur aufgebaut ist, sondern eine gleichsam dynamische und somit flexible innere Struktur benötigt.
</>
</>
</>
</>
</>
</>
</>
</>
</>
</>
</>
</>
</>
</>
</>

45 Light

53 Extended

53 Extended Oblique

55 Roman

63 Bold Extended

63 Bold Extended Oblique

65 Bold

73 Black Extended

73 Black Extended Oblique

75 Black

85 Extra Black

93 Extra Black Extended

93 Extra Black Extended Oblique

<Fig./261>

39 Thin
Ultra Cond

45 Light
Oblique

47 Condensed
Light

47 Cond
Light Oblique

49 Light
Ultra Cond

55 Roman
Oblique

57
Condensed

57 Cond
Oblique

59
Ultra Cond

65 Bold
Oblique

67 Condensed
Bold

67 Cond
Bold
Oblique

75 Black
Oblique

85 Extra Black
Oblique

</> Man kann sich die Struktur einer solchen multiplen Schrift als ein zweidimensionales Koordinatensystem vorstellen, in welchem die x-Achse beziehungsweise die y-Achse jeweils eine vorbestimmte Parametrie der Schrift repräsentiert, beispielsweise bei der ›Univers‹ <Fig./261> von Adrian Frutiger (1928–2015) aus dem Jahr 1957 – ursprünglich bestehend aus 21 Schriftschnitten, hier jedoch dargestellt in ihrer bereits auf 27 Schnitte erweiterten Fassung aus dem Jahr 1990, inklusive ihrer heutigen, typisch schematischen Bezeichnungen der einzelnen Schriftschnitte. <Ref./043> Die formale Ausprägung der jeweiligen Schrifttype ist, ausgehend von einer Master-Type, bedingt durch ihre Positionierung innerhalb dieses Koordinatensystems. Dies hat zur Folge, dass der Schriftgestalter vor einer völlig neuen Herausforderung steht, denn im Gegensatz zu einer einfachen Schrift muss bei einer multiplen Schrift „im Grundriß […] von Anfang an das Schema der Erweiterung auf die Vielfalt an Versionen einbezogen sein“. <Ref./044> Interessant ist dabei vor allem die Frage, welches mathematische Prinzip den jeweiligen Parametern zur Interpolation zwischen den einzelnen Master-Typen zugrunde liegt, beispielsweise der ›Thesis‹ von Luc(as) de Groot (*1963) in ihrer ursprünglich insgesamt 144 einzelne Schriftschnitte umfassenden Erstausgabe aus dem Jahr 1994. <Ref./045> Mittlerweile besteht diese seither stetig gewachsene Schriftsippe aus unzählig vielen und dabei formal völlig unterschiedlichen, aber dennoch miteinander kompatiblen Stilen, Schnitten, Lagen und Weiten für einen adäquaten gestalterischen Einsatz in den verschiedensten medialen Anwendungsbereichen sowie den diversesten Sprachen. <Ref./046> Um solche äußerst umfangreich ausgebauten Schriftsippen überhaupt innerhalb eines vernünftigen zeitlichen Rahmens erzeugen zu können, erscheint die Automatisierung einzelner Arbeitsschritte nicht mehr nur sinnvoll, sondern hinsichtlich des immens hohen Arbeitsaufwands vor allem zwingend erforderlich. <Ref./047>

</>

</>

</>

</>

</>

</>

</>

</>

</>

</>

</>

</>

</>

</>

</>

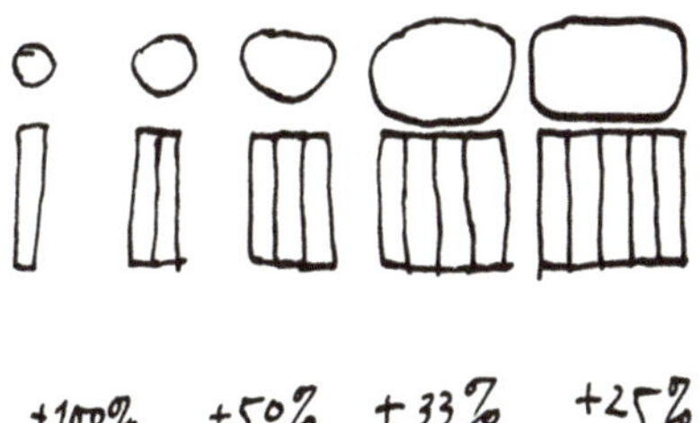

<Fig./271>

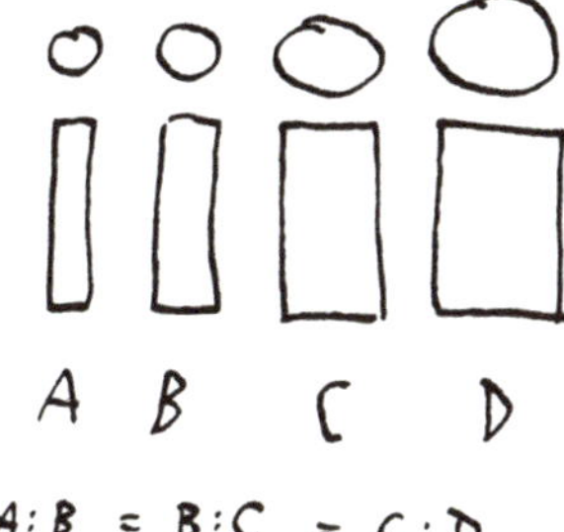

<Fig./272>

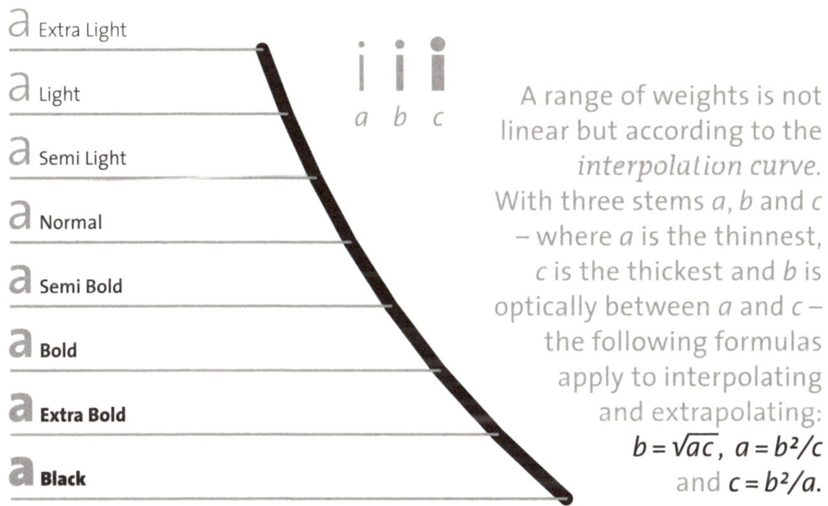

<Fig./273>

$$n_x = \sqrt[n+1]{a^{n+1-x} z^x}$$

<Fig./274>

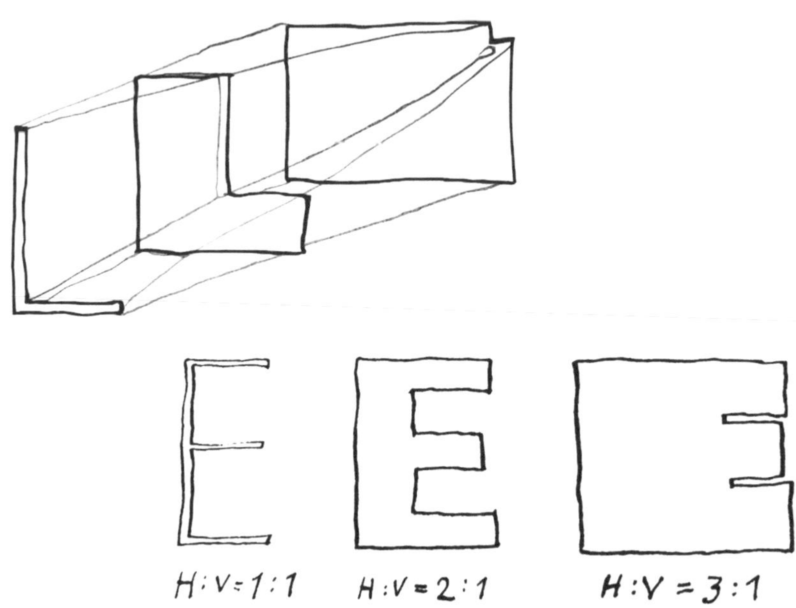

<Fig. 275>

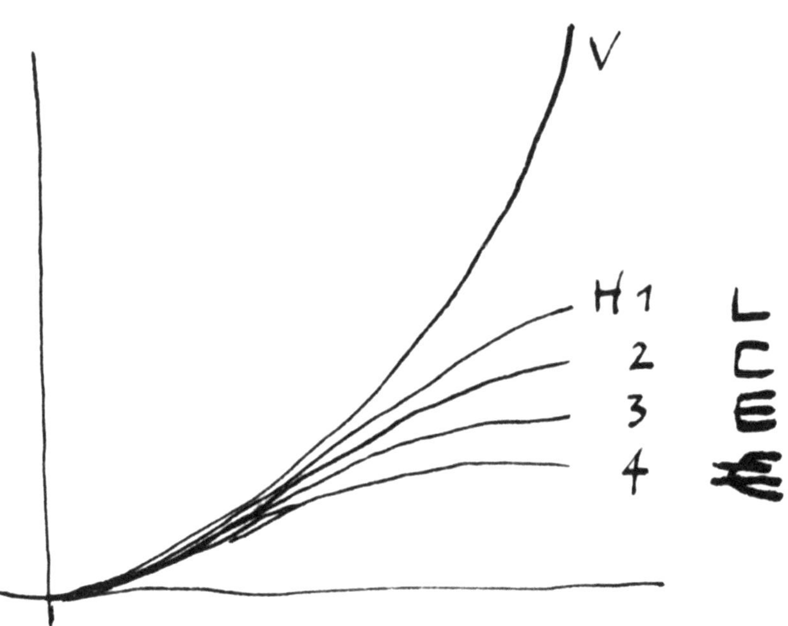

<Fig. 276>

</> Bereits 1987 entwickelte Luc(as) de Groot hierzu seine bahnbrechende ›Interpolationstheorie‹ <Fig./271–274>, basierend auf der maßgeblichen Erkenntnis, „that the optically correct in-between weights are on a hollow curve that produces values which are lower than those on the straight line of the […] average values […] in order to give the optical impression of being exactly […] in the middle“. <Ref./048> De Groots Untersuchungen resultieren in einer allgemeingültigen mathematischen Formel zur präzisen Berechnung des optimalen Werts für jeden möglichen Schriftschnitt zwischen zwei definierten Extremen. <Ref./049> Dieses Erklärungsmodell, welches laut de Groot für das Verständnis von Schrift unbedingt notwendig ist, hat jedoch auch seine Einschränkungen und Grenzen, denn: „it is one-dimensional. Yet the world has more dimensions; it is the same with type.“ <Ref./050> Und so zeigt sich, „that at a certain point the horizontals cannot get any thicker, because then the letter will disappear. However, there’s much more leeway in the vertical strokes.“ <Ref./051> Hierbei lässt sich das optimale beziehungsweise optisch richtige Proportionsverhältnis der einzelnen Zwischenschriftschnitte also nicht mehr mittels einer einfachen linearen Interpolation erzeugen. Diese Überlegungen führen schlussendlich zu einer grundlegenden Überarbeitung der ›Interpolationstheorie‹ <Fig./275–276> und somit zu „an anisotropic version, […] a system that works differently in the ‚x‘ and in the ‚y‘ directions“. <Ref./052> Das bedeutet in diesem Zusammenhang, dass sich die Strichstärken eines Buchstabens in der vertikalen Achse langsamer ausdehnen als in der horizontalen Achse, wobei „the possibilities for growth of the horizontals depends on the topology of the single letters: when there is only one horizontal stroke, as in ‚L‘, it has more room to expand than strokes that must share the same vertical space with [one], [two] or [three] other strokes. Each of these four topologies needs its own interpolation curve. Therefore, the new version of the Interpolation Formula is not only anisotropic, but also topology-dependent.“ <Ref./053>
</>
</>
</>
</>
</>
</>
</>
</>
</>
</>
</>
</>

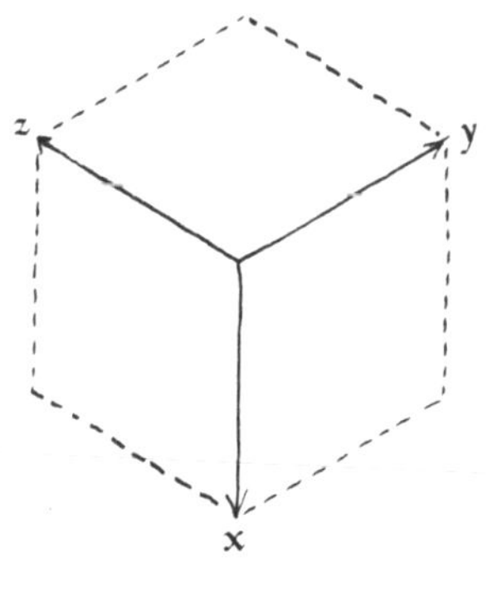

<Fig./281>

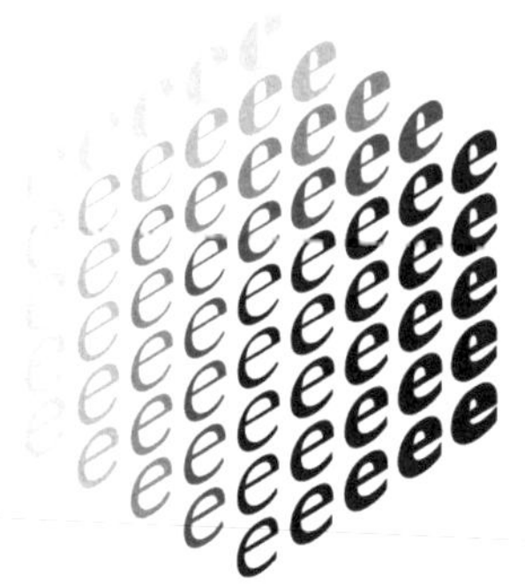

<Fig./282>

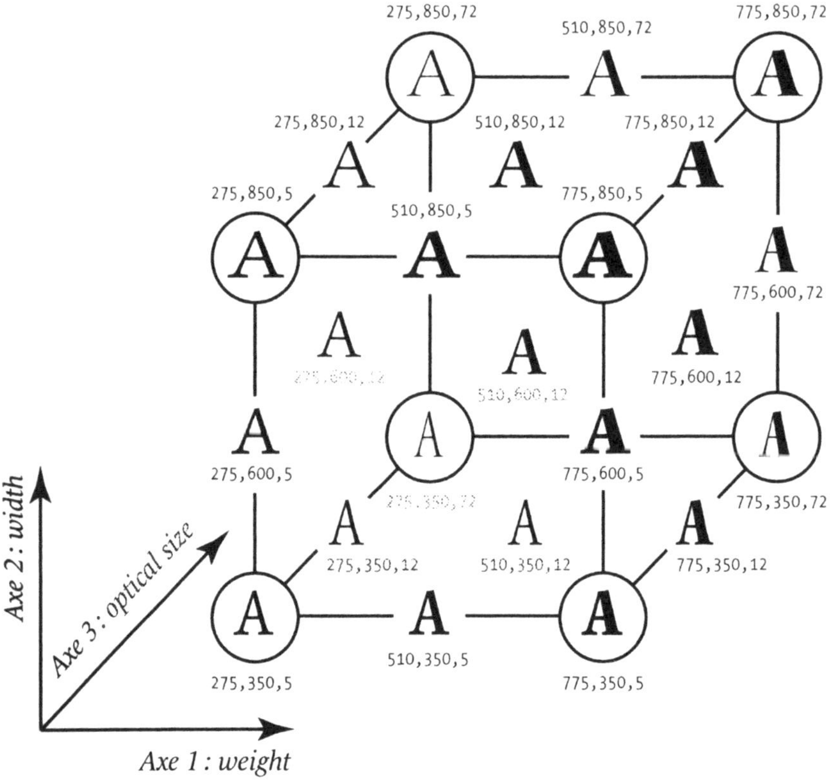

275,850,72
510,850,72
775,850,72
275,850,12
510,850,12
775,850,12
275,850,5
510,850,5
775,850,5
775,600,72
275,600,12
510,600,12
775,600,12
275,600,5
775,600,5
275,350,72
775,350,72
275,350,12
510,350,12
775,350,12
510,350,5
275,350,5
775,350,5
Axe 2 : width
Axe 3 : optical size
Axe 1 : weight

<Fig./283>

</> Das Prinzip des zweidimensionalen Koordinatensystems lässt sich gleichsam in die dritte Dimension ausdehnen, denn „die Konzeption einer Schrift der Gegenwart besteht vielmehr in der eher flächenhaften, ja fast räumlichen Planung einer ganzen Schrift-Familie“. <Ref./054> Für Noordzij bedeutet „contrast […] a scale on which pure translation and pure expansion are the theoretical extremities“. <Ref./055> Daraus folgt nach seinem Prinzip eines dreidimensionalen Koordinatensystems – dem ›Noordzij-Cube‹ <Fig./281–282> –, dass „the z-axis runs from translation to expansion. […] On the x-axis increasing contrast is set out and on the y-axis contrast reduction. Interpolation of the various points on the three axes produces an array of points that, taken together, form a cube.“ <Ref./056> Schließlich finden diese Ansätze ihre digitale Entsprechung in Adobes Multiple-Master-Software (MM) <Fig./283> aus dem Jahr 1992. Multiple Master ist eine Erweiterung des PostScript-Type1-Schriftformats (PS) und ermöglicht dem Anwender eine stufenlose Interpolation zwischen den Schriftkonturen einzelner Master-Typen anhand vordefinierter Parameterachsen. Auf diese Weise können unzählige Varianten einer Schrift aus einer einzigen Schriftzeichnung generiert werden. Die Multiple-Master Technologie konnte sich jedoch trotz dieser vielfältigen Variationsmöglichkeiten bei den Anwendern letztendlich nicht durchsetzen. <Ref./057> Dies mag einerseits in der Überforderung der Anwender durch die unzähligen Möglichkeiten zur Einstellung und Veränderung der diversen Parameter begründet liegen, wirft jedoch andererseits auch die berechtigte Frage nach dem grundsätzlichen Bedarf und vor allem nach einer sinnvollen Nutzung einer solchen Technologie auf. Ein Relikt der Multiple-Master-Software ist unter anderem die ›Myriad‹ von Robert Slimbach (*1956) und Carol Twombly (*1959) aus dem Jahr 1992. <Ref./058> Die grundsätzliche Idee von Multiple Master lässt sich mittlerweile in der 2016 gemeinsam von Adobe, Apple, Google und Microsoft entwickelten Variable-Font-Technologie (VF) wiederfinden. Variable Fonts basieren auf dem plattformübergreifenden OpenType-Schriftformat (OT) und ermöglichen der Anwenderin die Erzeugung sowie auch Interpolation unterschiedlichster Schriftformen und -proportionen anhand variabler Parameterachsen und Attributtabellen. <Ref./059> Die Möglichkeiten der digitalen Kommunikation und Datenverarbeitung versprechen nunmehr ein nahezu grenzenloses Anwendungsspektrum für Variable Fonts.
</>
</>
</>
</>
</>
</>
<¶>

<Fig. 291>

Rafgenduks
Rafgenduks
Rafgenduks

<Fig. 292>

<Par./240> Artikel: Metametrischer Typus
<¶>
<Par./241> Text: Metametrie
</> Betrachtet man analoge Schriften als statische Abbildungen ehemals physischer Objekte, so stellt sich die Frage, ob digitale Schriften ihrem Wesen nach als statische Datensätze oder als dynamische Programme zu verstehen sind, denn „digital type is based on software and is formulated in digital form itself“. <Ref./060> Obwohl digitale Schriftformate, wie beispielsweise das PostScript-Type-1-Format, auf einer individuellen Meta-Sprache – einer Metametrie – basieren und somit als eigenständige Programme zu verstehen wären, gibt es „little evidence that the file formats that describe typefaces […] actually take advantage of this flexibility“. <Ref./061> Dabei lässt sich nach wie vor feststellen, dass, entgegen ihrem offensichtlich ungenutzten Potenzial, „digital fonts are data for a host software that knows how to read it and lay it out“. <Ref./062> Diese Diskrepanz führt unweigerlich zu folgender Überlegung: „[If] typefaces really are to be defined as software, should they not act more like software, in a more modular, flexible way“? <Ref./063> Und sollte daher zeitgenössische Schriftgestaltung nicht genau diese Möglichkeiten der Flexibilität digitaler Schriften vermehrt ausschöpfen, etwa dass „novel forms of design could evolve through manipulating fonts’ algorithmic data“? <Ref./064> Wenn also digitale Schriften ihrem Wesen nach auf mathematischen Funktionen basieren und bereits als Programme zu verstehen sind, dann stellt sich die Frage nach der Möglichkeit einer entsprechenden Programmierung ihrer jeweiligen Kontur, um auf diese Weise – über den geometrischen Typus sowie den parametrischen Typus hinaus – zu einem metametrischen Typus von Schrift zu gelangen. Das bedeutet, dass sich selbst eine multiple Schrift demnach nicht mehr nur als statische Form definieren ließe, sondern vielmehr als dynamisches Programm mit der Möglichkeit zur individuellen Manipulation beziehungsweise Modifikation der jeweiligen Schriftkontur in Echtzeit. Spätestens mit dieser Erkenntnis erübrigt sich auch die Zweckmäßigkeit beziehungsweise der Sinn einer statischen Klassifikation von Schrift, wie aktuell etwa gemäß DIN 16518.
</>
</>
</>
</>
</>
</>
</>
</>
</>
</>

</> Das Schriftexperiment ›Beowolf‹ <Fig./291-292> aus dem Jahr 1989 der im selben Jahr von Erik van Blokland (*1967) und Just van Rossum (*1966) gegründeten Designergruppe LettError gilt als erste Untersuchung zu dieser Thematik. Hierbei wurde das PostScript-Type-1-Format einer digitalen Schrift um eine sogenannte Random-Funktion erweitert. Mithilfe dieser Funktion kann die Kontur der einzelnen Schriftzeichen bei der Druckausgabe nach dem Zufallsprinzip modifiziert werden. Dabei ist jedem einzelnen Ankerpunkt auf der umschreibenden Kontur eines Schriftzeichens ein bestimmter Bereich zugeordnet, innerhalb dessen er sich frei bewegen lässt. So werden die jeweiligen Schriftzeichen nicht mehr über statische Konturen definiert, sondern diese verändern sich in ihrer Wiederholung fortlaufend. Auf diese Weise lassen sich unzählige Formvariationen ein und desselben Schriftzeichens generieren. <Ref./065> Interessant hieran ist insbesondere, dass sich diese unterschiedlichen formalen Varianten eines Schriftzeichens durch nur eine einzige und zudem stets gleichbleibende Schreibbewegung, nämlich dem punktuellen Drücken einer Taste, erzeugen lassen. Dabei hat dieser digitale Schreibprozess des Tastendrückens, entgegen dem analogen Schreibprozess des Federführens, eigentlich keine unmittelbare formale Auswirkung mehr auf das so erzeugte Schriftzeichen, sondern generiert, trotz aller Varianz, lediglich ein sich stetig wiederholendes, typisches Abbild desselben. So wirken sich beispielsweise weder ein unterschiedlich starker Druck noch eine unterschiedlich lange Dauer beim Betätigen der Taste auf die formale Erscheinung des Schriftzeichens aus. Das Zufallsprinzip der ›Beowolf‹ basiert darüber hinaus auf einer mathematischen Funktion und ist somit bereits programmiert, also in seiner Wirkung gewissermaßen vorherbestimmt.

</>
</>
</>
</>
</>
</>
</>
</>
</>
</>
</>
</>
</>
</>
</>
</>
</>
<¶>

<Par./250> Artikel: Rekapitulation 2.0
<¶>
<Par./251> Text: Script
</> In der Regel bedeutet das Schreiben in der Kalligrafie die unmittelbare Erzeugung eines Schriftzeichens in Originalgröße, wohingegen das mathematisch genaue Beschreiben eines Schriftzeichens in der Typografie zur Erzeugung einer maßstäblichen Handlungsanleitung führt. Aufgrund dessen musste die Typografie zwangsläufig messbar werden, da diese Handlungsanleitungen in erster Linie der Verständigung dienen. Das heißt, je eindeutiger die Anleitung formuliert ist, desto präziser ist die daraufhin ausgeführte Handlung, denn spätestens „der Buchdruck hat verdeutlicht, daß wir beim Schreiben […] Typen manipulieren“. <Ref./066> Dieser wichtige Aspekt muss als wesentliche Grundlage der Typografie betrachtet werden und bedeutet, „daß die Typen nicht unveränderliche, […], ewige, […] Formen sind […], sondern daß sie modelliert, verbessert und verworfen werden können“. <Ref./067> Und „[a]ls mit Gutenberg den Schreibenden bewußt wurde, daß sie Typen manipulieren, daß sie ‚Informatiker‘ sind, konnte sich die typisierende Denkart auf allen Kulturgebieten entfalten“. <Ref./068> Ferner ist die Möglichkeit der Multiplikation einer Schrift ein elementarer Wesenszug der digitalen Typografie und stark an die Fähigkeiten des Computers als ausführendes Werkzeug gebunden: „there seems to be a tendency to make scripting and additional software […] more and more a part of the design process“. <Ref./069> Das Script scheint dabei das Prinzip des Schreibens und somit des individuellen Erzeugens von Schriftzeichen der Zukunft darzustellen.
</>
</>
</>
</>
</>
</>
</>
</>
</>
</>
</>
</>
</>
</>
</>
</>
</>
</>
</>
<¶>

cmchar "The letter S";

beginchar("S", $10u\#$, $cap\_height\#$, 0);

italcorr $cap\_height\# * slant - u\#$;

adjust_fit(0, 0);

numeric $theta$; $theta = 90 - \mathrm{angle}(50u,$

numeric s_slab; $s\_slab =$ **if** $serifs$: $slab$

numeric ess'; $ess' = \max(fine.breadth,$

pickup $fine.nib$; $pos_2(\max(fine.breadth,$

$pos_0(ess', theta)$; $pos_7(s\_slab, -90)$;

$x_2 + x_7 = 2x_0 = w$; $x_7 - x_2 =$ **if** $serifs$:

$y_0 = .52h$; $lft\ x_{3l} = \mathrm{hround}\ u$; $rt\ x_{6r} =$

$x_{3r} - x_{3l} = x_{6r} - x_{6l} = \mathrm{hround}\ .5[s\_slab$

$ellipse\_set(2l, 3l, 4l, 0l)$; $ellipse\_set(2r, 3$

$ellipse\_set(7l, 6l, 5l, 0l)$; $ellipse\_set(7r, 6$

filldraw stroke $super\_arc_e(2, 3)$ & $z_{3e}\{d$

$\quad ..\ z_{4e}$ --- z_{5e} .. $z_{6e}\{down\}$ & $super\_ar$

if $serifs$: $pos_1(hair, 180)$; $pos_8(hair, 180$

$\quad rt\ x_{1l} = \mathrm{hround}(w - 1.5u)$; $lft\ x_{8r} =$

$\quad bot\ y_1 = \mathrm{vround}\ {}^2\!/\!_3h + 1$; $top\ y_8 = \mathrm{vr}$

$\quad$ **filldraw stroke** $z_{1e}\{x_2 - x_1, 10(y_2 -$

$\quad$ **filldraw stroke** $z_{7e}\{left\} \ldots \{up\}z_{8e}$

$\quad$ **path** $upper\_arc, lower\_arc$;

$\quad upper\_arc = z_1\{x_2 - x_1, 10(y_2 - y_1)\}$

<Fig./310>

<Par./300> Kapitel:

Script 3.0 – Metatypografie

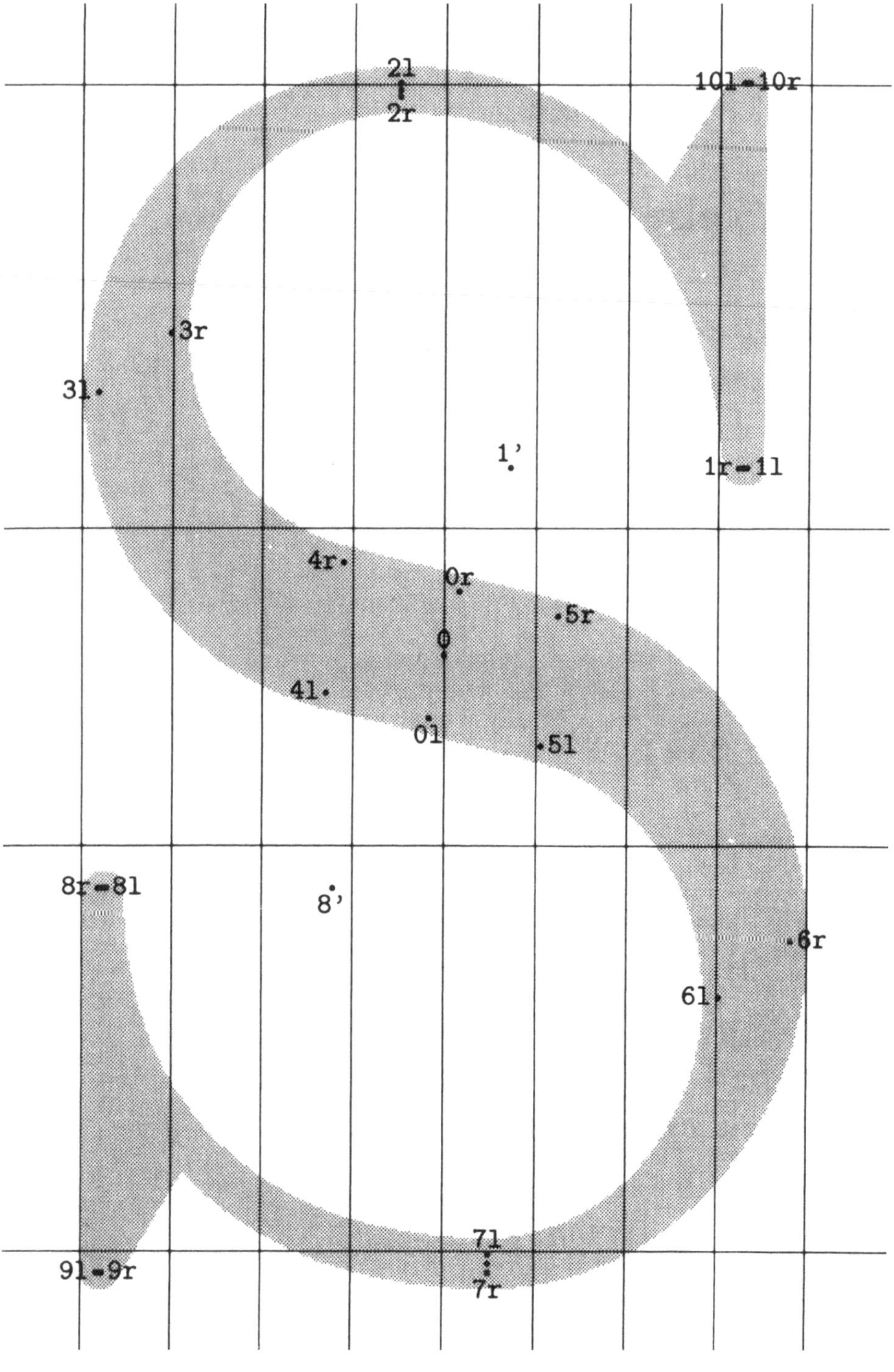

2l
2r
10l-10r
3r
3l
1'
1r-1l
4r
0r
5r
0
4l
0l
5l
8r-8l
8'
6r
6l
7l
7r
9l-9r

<Fig /311>

<Par./310> Artikel: Definition 3.0
<¶>
<Par./311> Text: Metatypografie
</> Unter dem Begriff Metatypografie ist – in Anlehnung an Donald E. Knuths ›Metafont‹ – eine Form des Schreibens zu verstehen, welche über die Schrift als solche hinausreicht, denn „newly coined words beginning with ‚meta-' generally reflect our contemporary inclination to view things from the outside, at a more abstract level, with what we feel is a more mature understanding". <Ref./070> In diesem Sinne stellen Meta-Fonts für Knuth eine Form der schematischen Beschreibung von Schrift dar, mit der nicht einfach nur das einzelne Schriftzeichen, sondern vielmehr komplette Schriftfamilien beschrieben werden können. Diese Beschreibungen sind dabei als möglichst präzise Handlungsanleitungen zur Erzeugung von Schriftzeichen zu verstehen. Idealerweise sollten diese Handlungsanleitungen laut Knuth in Form variabler Parameter verfasst werden, sodass, basierend auf nur einer Beschreibung, unendlich viele Formen eines entsprechenden Schriftzeichens bestimmt werden können. <Ref./071> Knuth nennt diese Art des Schreibens ‚mathematische Typografie', was jedoch als nicht ganz zutreffend erscheint, denn die Erzeugung einer multiplen Schrift, basierend auf der tragenden Konstruktion eines Skeletts innerhalb der einzelnen Schriftzeichen – Noordzij nennt es die ‚Herzlinie' – lässt sich deutlich treffender als ‚mathematische Kalligrafie' bezeichnen. Dieser Aspekt spiegelt sich auch in der Benennung einzelner der nachfolgend vorgestellten Projektbeispiele wieder. In gewisser Weise lässt sich also sagen, dass die Typografie lediglich einen Zwischenschritt – wenngleich auch einen historisch äußerst bedeutsamen – zwischen der Kalligrafie einerseits und der Metatypografie andererseits darstellt. Interessant ist aber auch die Tatsache, dass wegweisende Innovationen häufig außerhalb des eigentlichen Fachgebiets zu entstehen scheinen.
</>
</>
</>
</>
</>
</>
</>
</>
</>
</>
</>
</>
</>
</>
<¶>

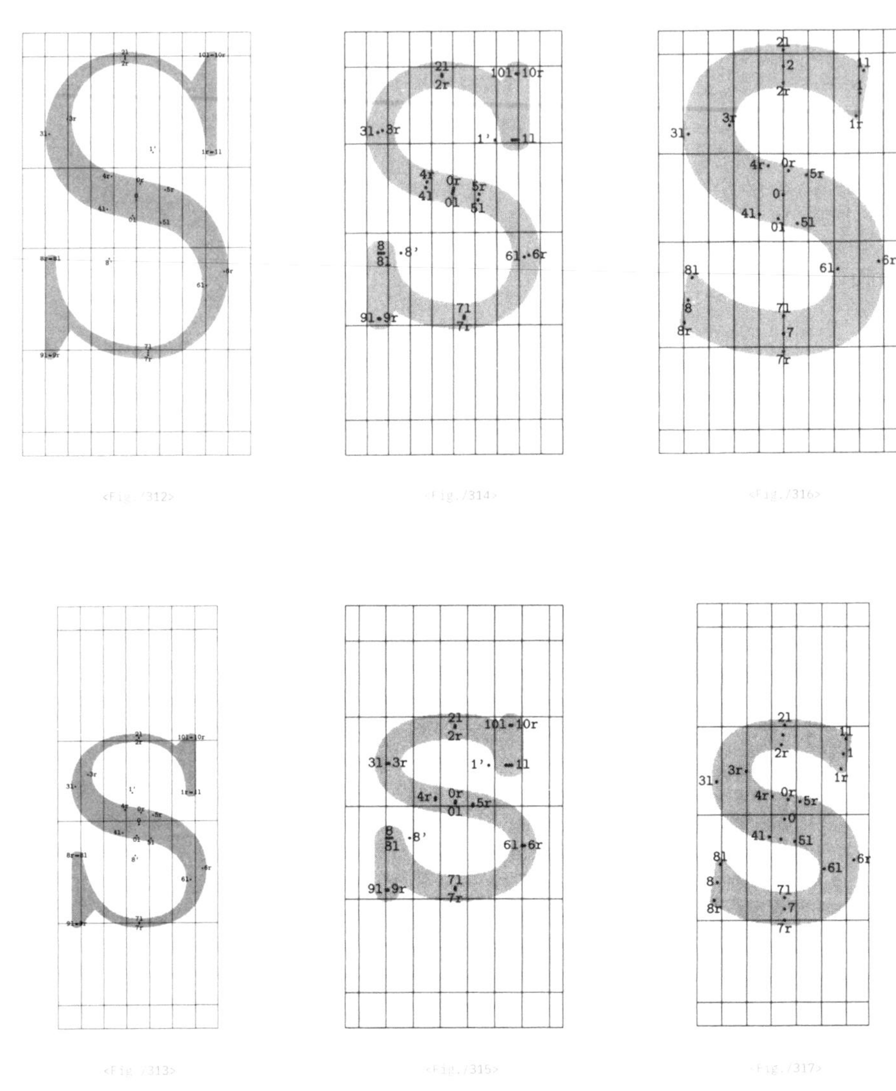

<Fig./312>

<Fig./314>

<Fig./316>

<Fig./313>

<Fig./315>

<Fig./317>

<Par./320> Artikel: Meta-Tools
<¶>
<Par./321> Text: <a> Computer
</> Der Computer hat sich im Lauf der Zeit als universelles Rechenwerkzeug durchgesetzt und schlussendlich die Feder als stilbildendes Schreibwerkzeug abgelöst. Dabei lässt sich jedoch laut Rappo feststellen, dass Computer sowie entsprechende Software bis heute größtenteils als Simulationen früherer, technisch überholter Arbeitsabläufe und Verfahrensweisen verstanden werden. Dies zeigt sich für ihn darin, dass „the software and the user interfaces often use metaphors from within the field known from the time before the revolution, and the role of the computer is that of a machine simulating other machines or processes as a sort of a meta-tool“. <Ref./072> Ausgehend von dieser Erkenntnis stellt sich die Frage, ob der Computer somit auch in der Lage ist, die verschiedenen zuvor genannten Federtypen ihren kalligrafischen Charaktereigenschaften entsprechend zu simulieren. Nach Berlaen ist die Automatisierung einer handwerklichen Tätigkeit gewissermaßen ein Widerspruch in sich. Das Handwerk erfordert ein hohes Maß an manueller Kunstfertigkeit sowie an entsprechendem Fachwissen und kann daher im Sinne eines generischen Prozesses nicht als technisch verstanden werden. <Ref./073> Findet sich also entgegen dieser Tatsache dennoch „[…] such thing as a computer programm capable of taking over the routine tasks of letter design“? <Ref./074>
<¶>
<Par./322> Text: <a> ›Metafont‹
</> ›Metafont‹ <Fig./310–317> von Donald E. Knuth (*1938) in seiner ersten Version aus dem Jahr 1979 sowie in seiner komplett überarbeiteten Fassung von 1984 „is a general-purpose language intended to facilitate the design of meta-fonts, and Computer Modern is but one approach to font design using such a language“. <Ref./075> ›Metafont‹ wurde als abstrakte, plattformübergreifende Programmiersprache speziell zur Unterstützung des ›TeX‹-Schriftsatzsystems entwickelt, das überwiegend im wissenschaftlichen Kontext Verwendung findet. ›Metafont‹ unterscheidet sich Knuth zufolge grundsätzlich von anderer Schriftgestaltungssoftware, da anhand komplexer mathematischer beziehungsweise geometrischer Gleichungen vielmehr die Bewegungsabläufe eines virtuellen Schreibwerkzeugs denn die Konturen einzelner Schriftzeichen definiert werden. Dies ermöglicht folglich die Gestaltung sowie den Export von umfangreichen Bitmap-basierten Schriftfamilien. <Ref./076>
</>
</>
</>
</>
<¶>

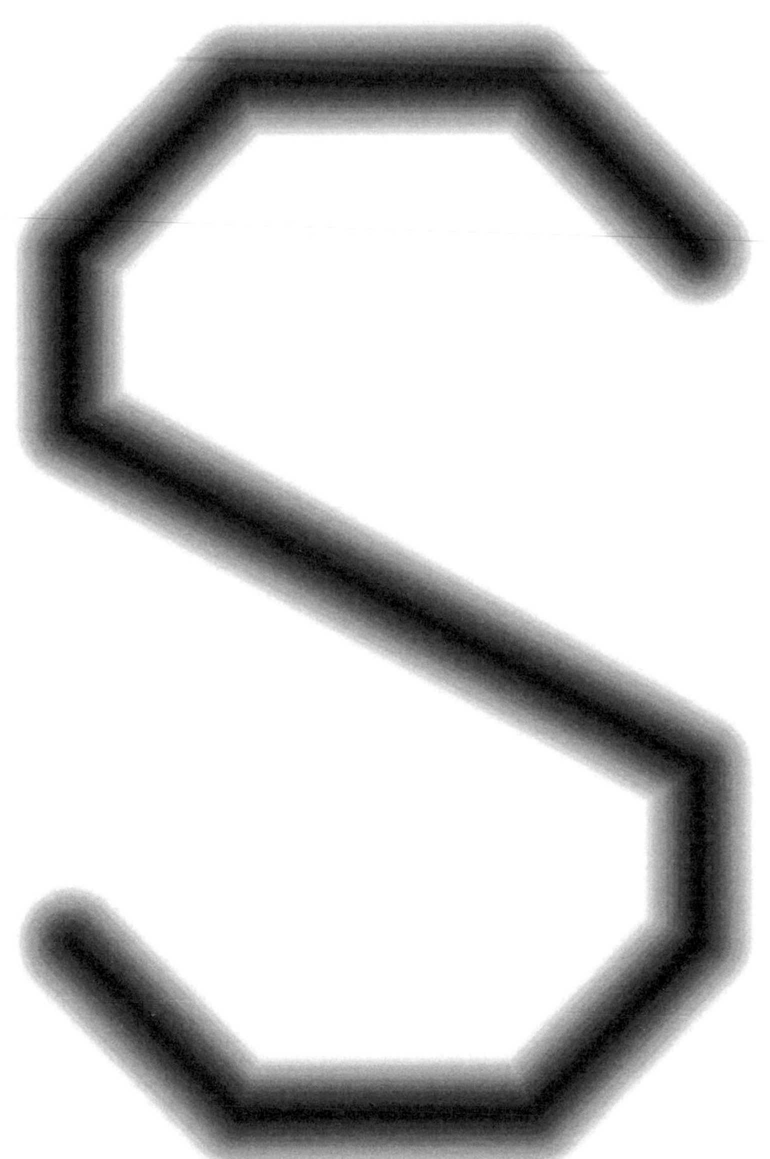

<Fig./321>

modulator

font — bespoke ↑
adjuster
fetamont

anatomy — on off
glyph / chart — on off
share
download — open type font
webfont

parameters

setting — reset flop it! undo
mode — dummy nerd

dimension
unit width
pen width

proportion
cap height
bar height
asc. height
desc. height
x-height

shape
horiz. increase
vert. increase
contrast
superness
slanting

optical corrections
aperture
corner
overshoot
taper

anatomy

ascender
cap height
overshoot
x-height
bar height
baseline
overshoot
descender
pen size
contrast
inc. y
corner
aperture
taper
slanting
superness
increase x
unit width

Metaflop

glyph

S

← ABCDEFGHIJKLMNOPQRSTUVWXYZ →

chart

A B C D E F G H I J
K L M N O P Q R S T
U V W X Y Z
a b c d e f g h i j
k l m n o p q r s t
u v w x y z
0 1 2 3 4 5 6 7 8 9

typewriter

ABC abc 0123 ↓ 32px ↓

ABCDEFGHIJKLMNOPQRSTUVWXYZ
abcdefghijklmnopqrstuvwxyz
0123456789
.,:;«»-+/()!?&

<Fig./322>

<Par./322> Text: <b> ›Metaflop‹
</> ›Metaflop‹ <Fig./321–326> von Alexis Reigel (*1980) und Marco Müller (*1979) aus dem Jahr 2012 „uses Metafont, which allows you to easily customize a font within the given parameters and generate a large range of font families with very little effort“. <Ref./077> Die intuitiv zu handhabende Web-Anwendung ermöglicht, über den sogenannten Modulator als einfache grafische Bedienoberfläche zur individuellen parametrischen Modulation von Schrift mittels linearer Schieberegler oder alphanumerischer Werteingabe, eine visuell ausgerichtete, hintergründig operierende Anwendung von ›Metafont‹, ohne sich dessen komplexer Programmiersprache oder anderer Meta-Codes bedienen zu müssen. <Ref./078> Im Gegensatz zu ›Metafont‹ ermöglicht die Open-Source-Software einen Export der jeweiligen Schriften nicht als digitale Bitmap-, sondern als Vektor-Dateien für den plattform- und anwendungsübergreifenden Einsatz.
<Ref./079>

<¶>

Fig. /323>

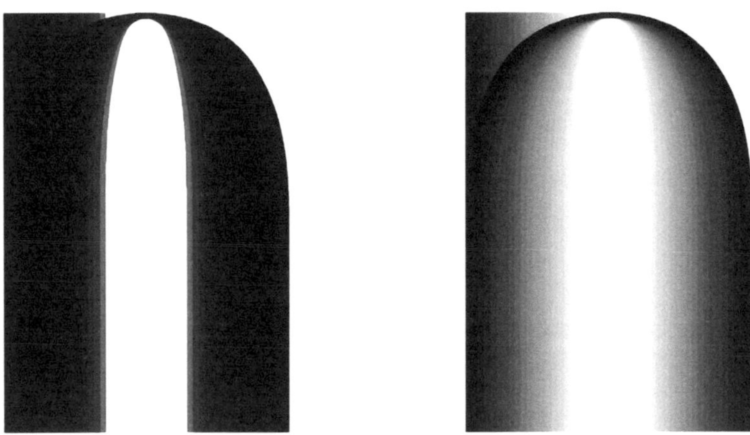

Fig. /324>

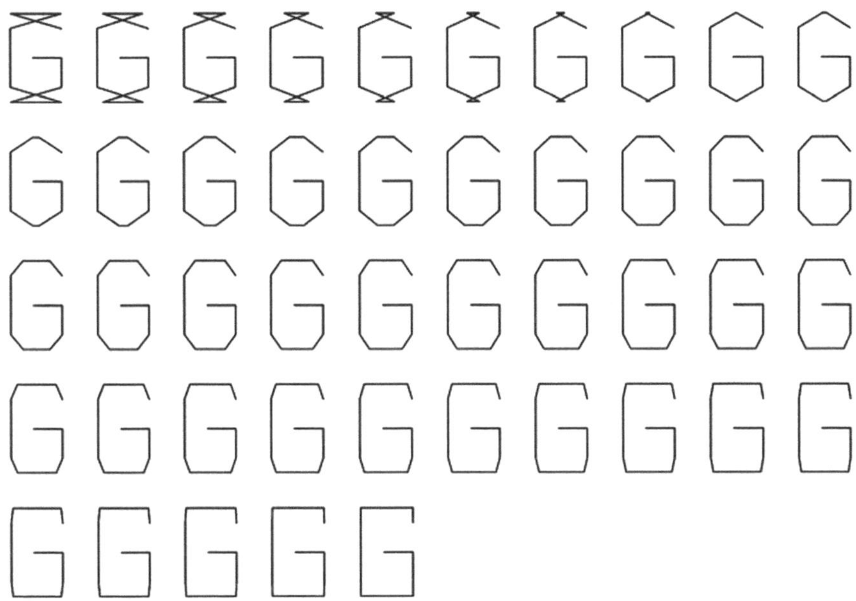

<Fig./325>

<Fig./326>

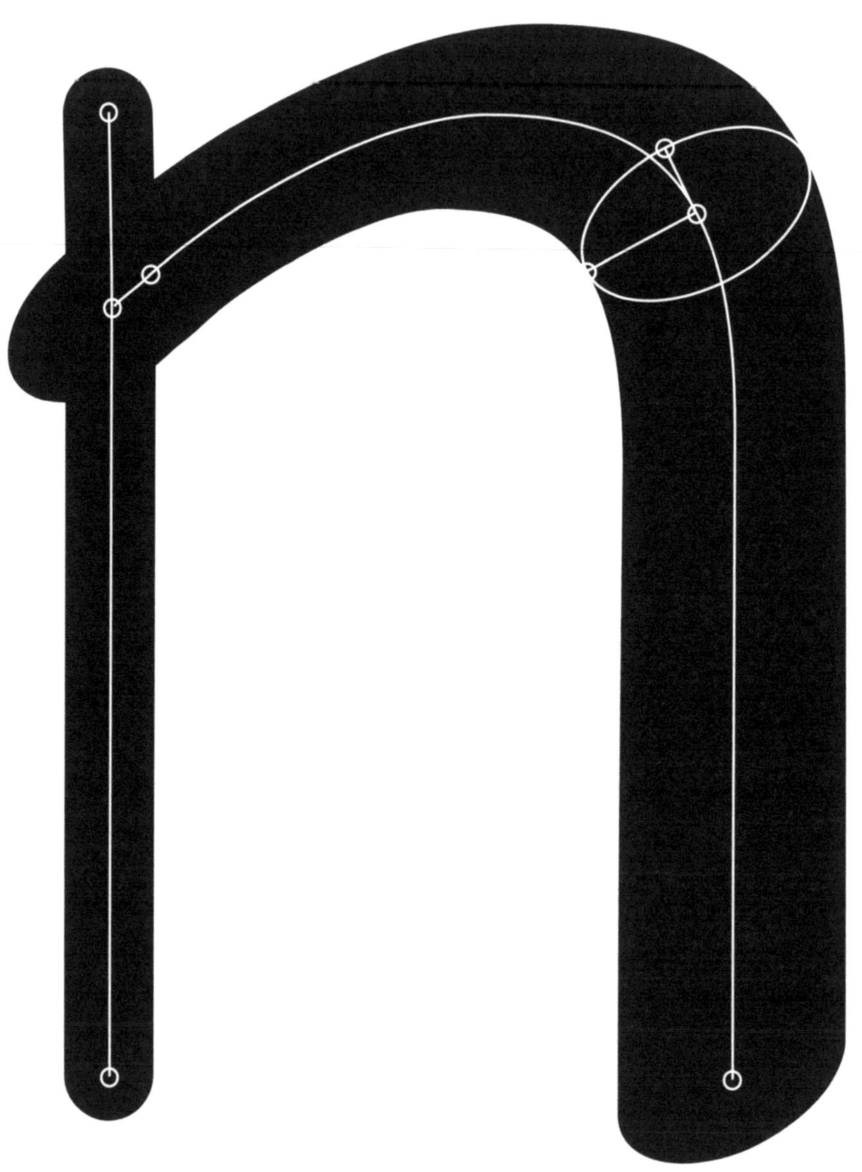

<Fig./331>

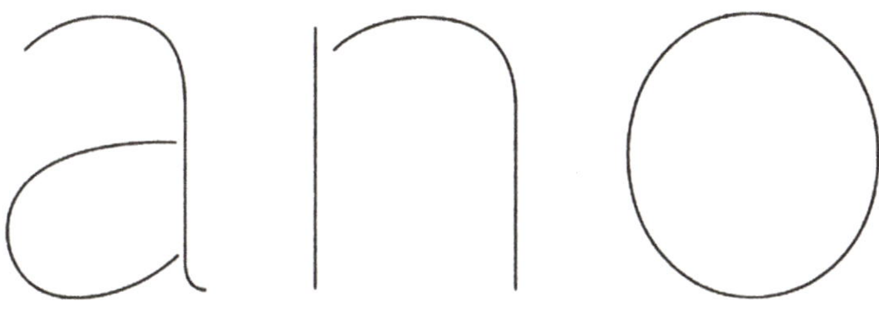

<Fig./332>

ano

<Fig./333>

<Par./322> Text: <c> ›Calligrapher‹
</> ›Calligrapher‹ <Fig./331–338> von Jürg Lehni (*1978) aus dem Jahr 2004 „is a didactic software application that simulates and parametrizes a calligraphic pen in a simple graphical user interface“. <Ref./080> Mittels dieser Software werden die Außenkonturen eines Schriftzeichens aus dem Bewegungsablauf einer virtuellen Feder entlang einer zuvor erzeugten Binnenstruktur quasi automatisch erzeugt. Auf diese Weise ist es möglich, „die Variablen kalligraphischer Striche zu parametrieren und somit die Voraussetzungen für eine Art numerische Kalligrafie“ <Ref./081> zu schaffen.
</>
</>
</>
</>
</>
</>
<¶>

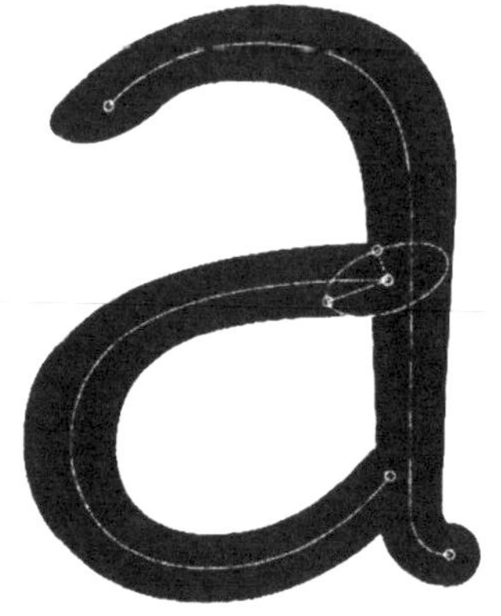

<Fig./334>

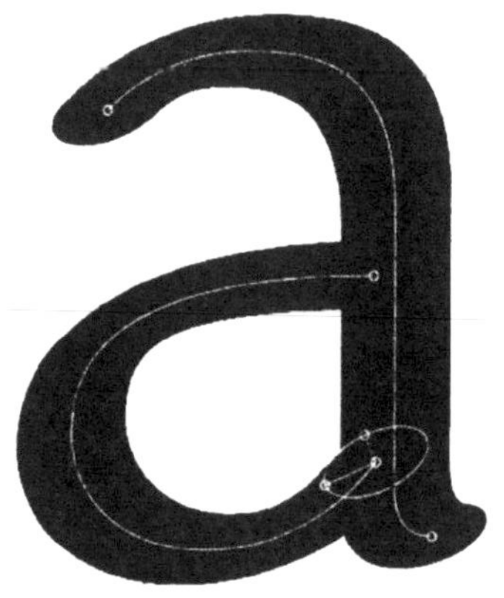

<Fig./336>

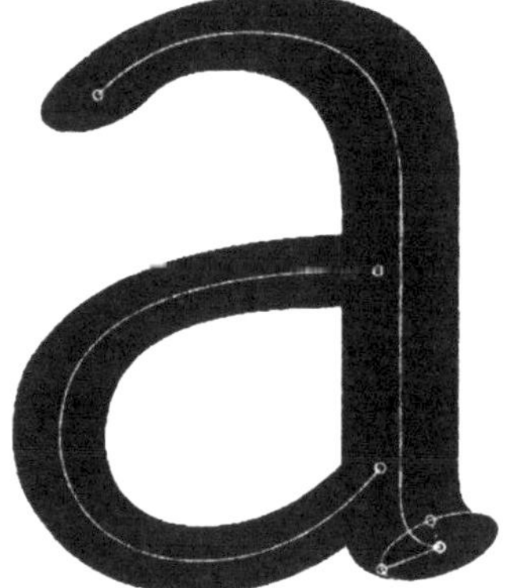

<Fig./335>

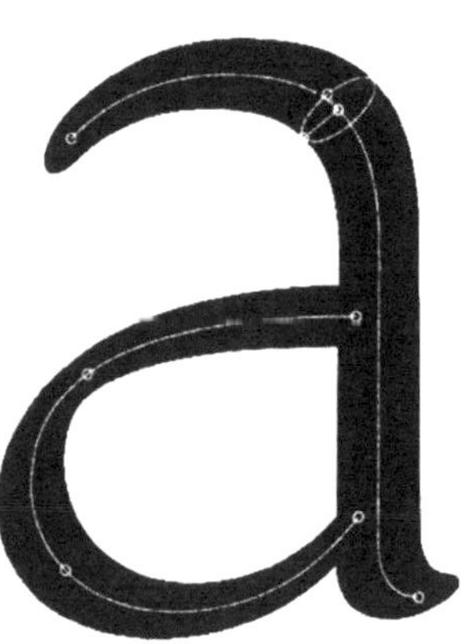

<Fig./337>

a n a n
n a n a
a n a n
n a n o
o n a n
n a n a
a n o n
n a n a

<Fig./338>

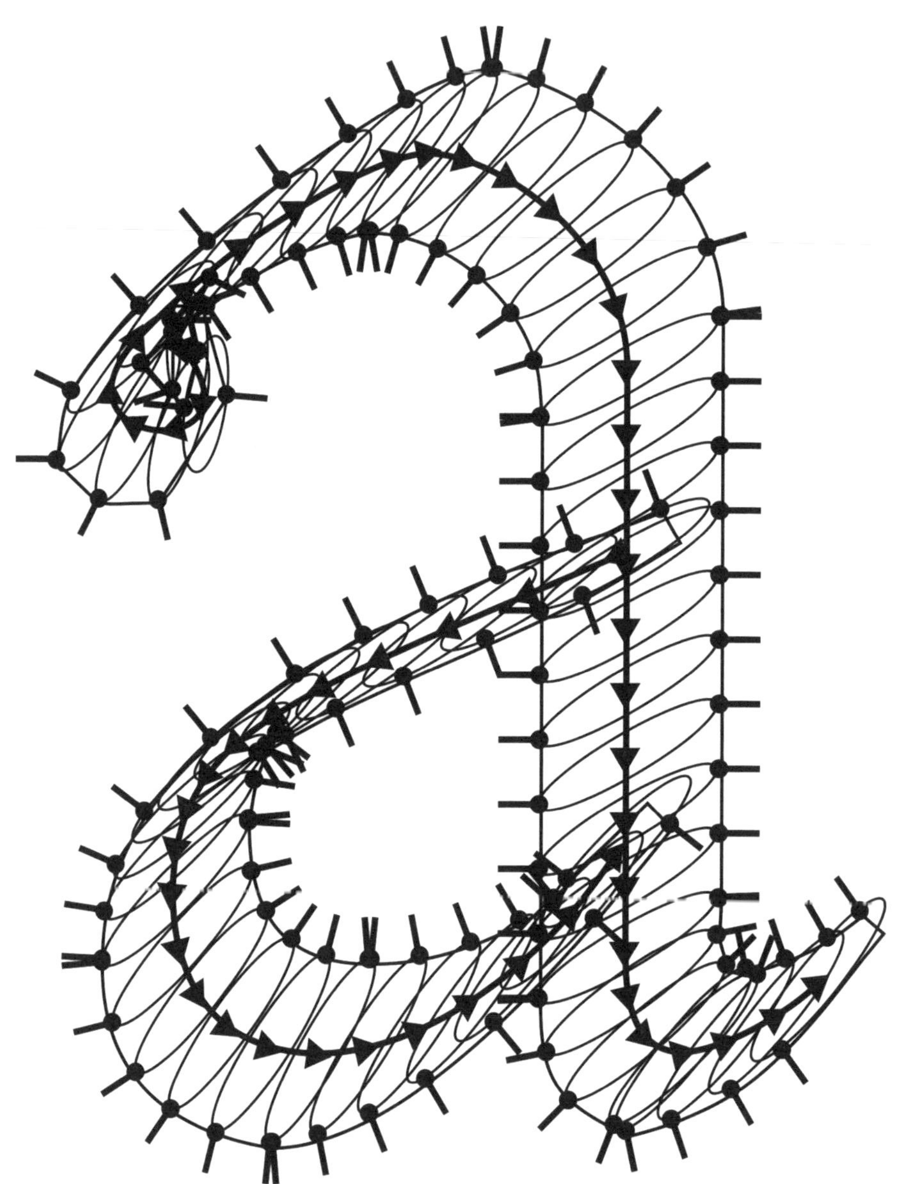

<Fig./341>

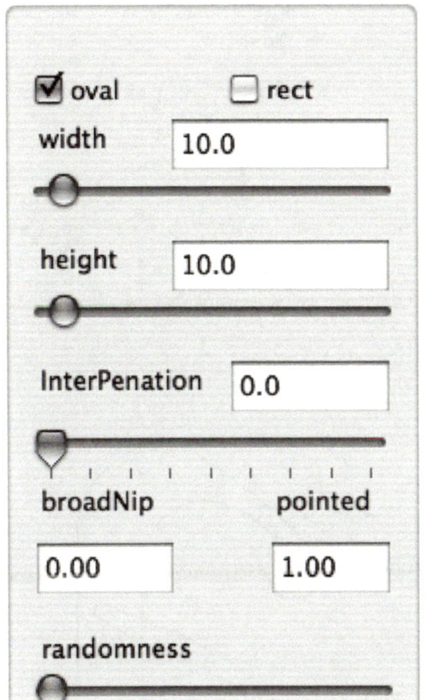

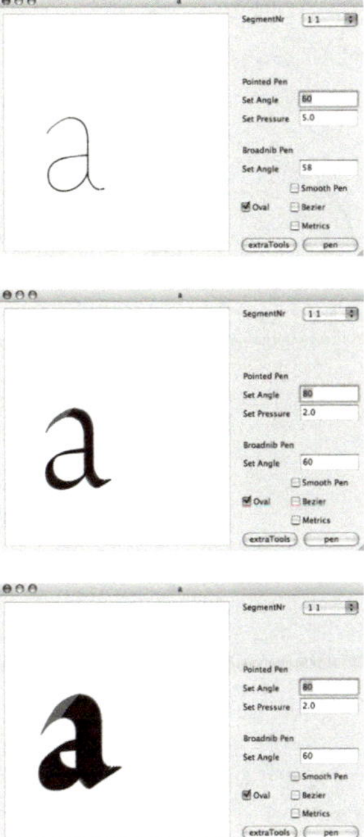

<Fig./342>

<Par./322> Text: <d> ›KalliCulator‹
</> ›KalliCulator‹ <Fig./341–349> von Frederik Berlaen (*1981) aus dem Jahr 2007 „is a tool to generate different contrasts from the same or from several skeletons“. <Ref./082> Die Funktionsweise des Programms orientiert sich an den genannten kalligrafischen Grundprinzipien. Dementgegen wird jedoch, in umgekehrter Abfolge, zunächst das sogenannte Skelett eines Schriftzeichens erzeugt, bevor ein virtuelles Schreibwerkzeug auf diese innere Struktur angewendet werden kann. <Ref./083> Dabei wird der Strichkontrast der einzelnen Werkzeuge auf Basis jener zuvor erzeugten Binnenstruktur errechnet und in Form entsprechender Schriftkonturen dargestellt.
</>
</>
</>
</>
</>
<¶>

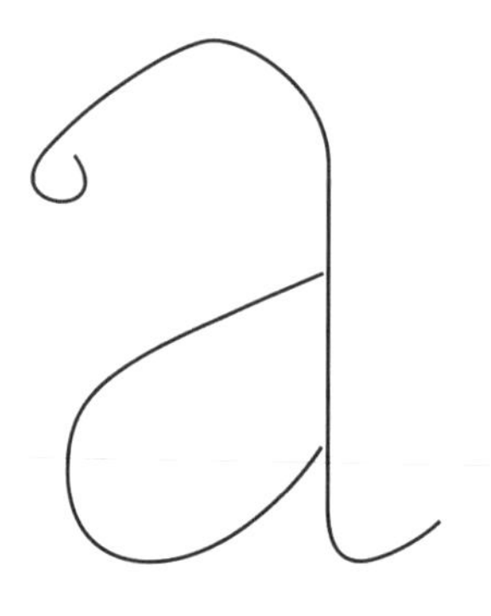
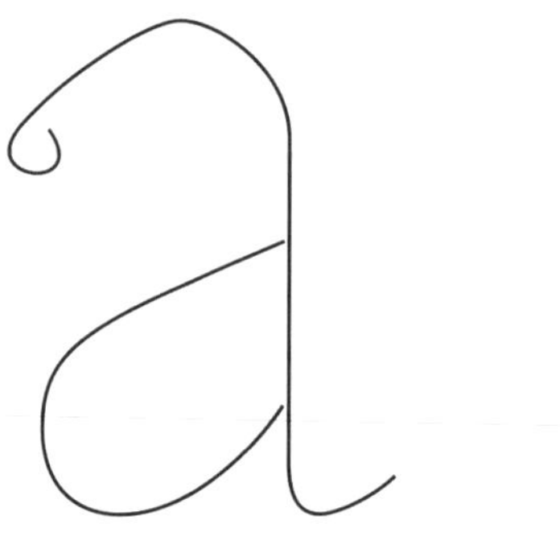
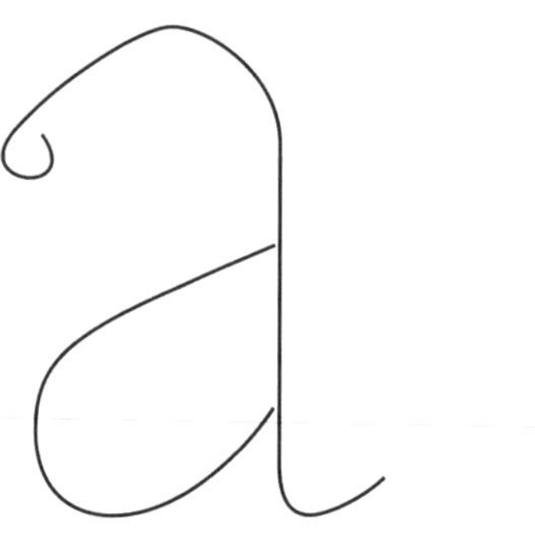
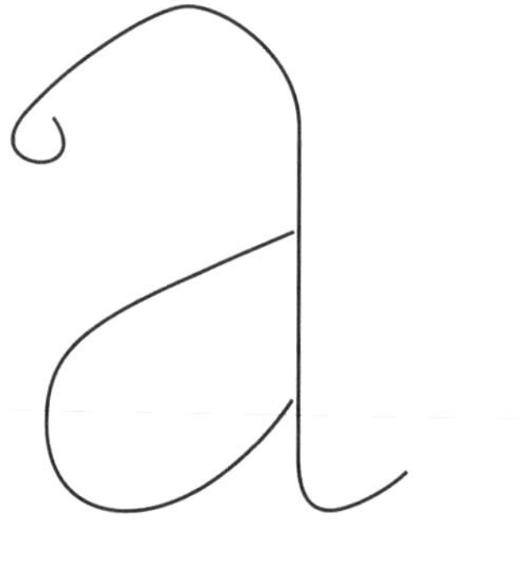

<Fig./343>

<Fig./346>

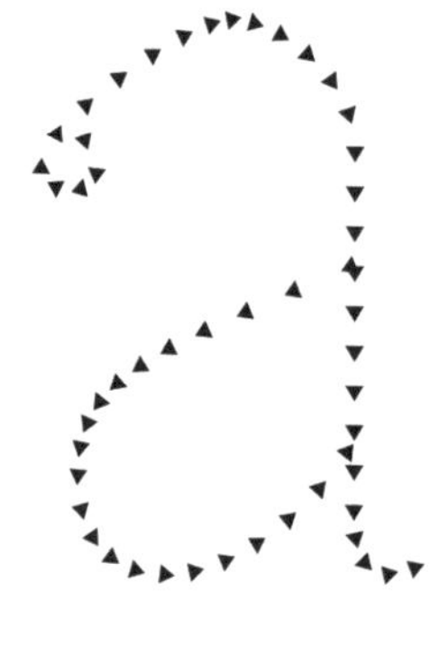

<Fig./344>

<Fig./347>

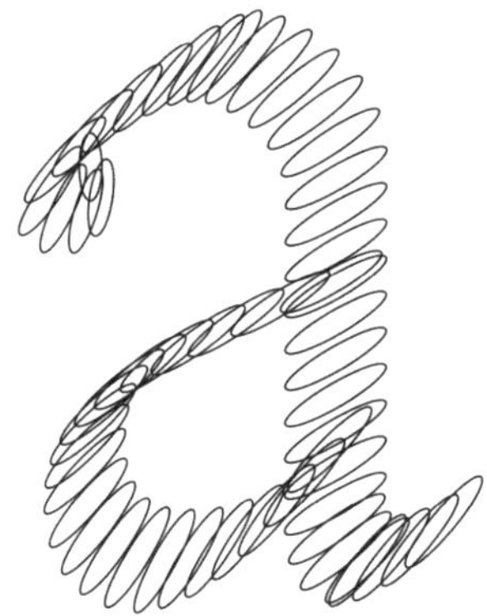

<Fig./345>

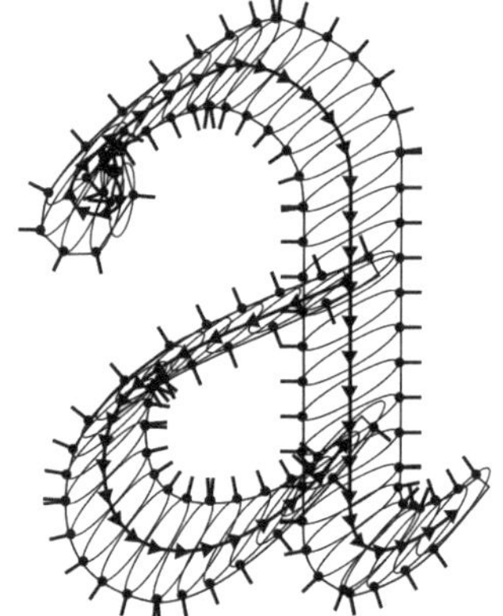

<Fig./348>

a a a a a a

a a a a a a

a a a a a a

a a a a a a

a a a a a a

a a a a a a

a a a a a a

<Fig./349>

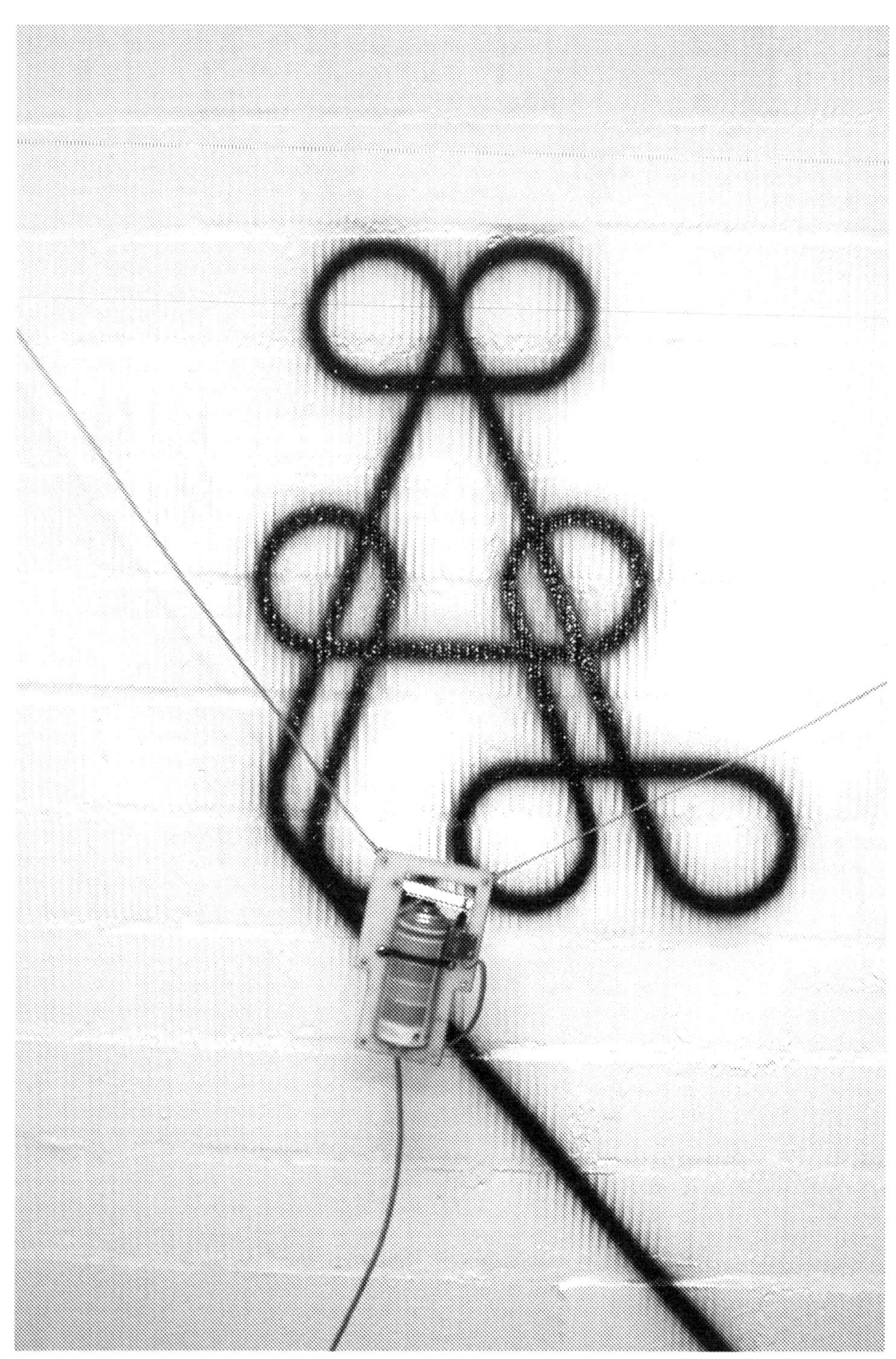

<Fig./351>

```
STUDENT > restart:assume(c, real): assume(d, real), assume(x0, real): assume(y0, real):
          assume(r, real):
STUDENT > e1 := (x - c)^2 + (y - d)^2 = r^2;
                              e1 := (x - c~)^2 + (y - d~)^2 = r~^2
STUDENT > e2 := (x0 - c)*(x - c) + (y0 - d) * (y - d) = r^2;
                              e2 := (x0~ - c~) (x - c~) + (y0~ - d~) (y - d~) = r~^2
STUDENT > y := solve(e1, y)[1];
                              y := d~ + sqrt(2 x c~ - c~^2 - x^2 + r~^2)
STUDENT > e3 := factor(solve(e2, {x})[1]);
e3 := {x = (c~ y0~^2 - 2 c~ y0~ d~ + c~^3 + x0~^2 c~ + c~ d~^2 + r~^2 x0~ - 2 x0~ c~^2 - c~ r~^2
    + sqrt(r~^2 (-y0~ + d~)^2 (d~^2 - 2 y0~ d~ + c~^2 - r~^2 - 2 x0~ c~ + x0~^2 + y0~^2))) / (c~^2 + d~^2 - 2 x0~ c~ - 2 y0~ d~ + y0~^2 + x0~^2)}
STUDENT > readlib(C):C(rhs(e3[1]), optimized);
      t1 = y0*y0;
      t6 = c*c;
      t8 = x0*x0;
      t10 = d*d;
      t12 = r*r;
      t18 = pow(-y0+d,2.0);
      t21 = 2.0*y0*d;
      t23 = 2.0*x0*c;
      t26 = sqrt(t12*t18*(t10-t21+t6-t12-t23+t8+t1));
      t30 = (c*t1-2.0*c*y0*d+t6*c+t8*c+c*t10+t12*x0-2.0*x0*t6-c*t12+t26)/(t6+t10-t23-t21+t1+t8);
STUDENT > x := solve(e1, x)[1];
                              x := c~ + sqrt(2 y d~ - y^2 - d~^2 + r~^2)
STUDENT > e3 := factor(solve(e2, {y})[1]);
e3 := {y = (r~^2 y0~ + d~^3 - 2 d~ x0~ c~ - 2 y0~ d~^2 - d~ r~^2 + d~ c~^2 + d~ x0~^2 + y0~^2 d~
    + sqrt(r~^2 (-x0~ + c~)^2 (c~^2 - 2 x0~ c~ - 2 y0~ d~ + y0~^2 - r~^2 + x0~^2 + d~^2))) / (c~^2 + d~^2 + x0~^2 + y0~^2 - 2 y0~ d~ - 2 x0~ c~)}
STUDENT > readlib(C):C(rhs(e3[1]), optimized);
      t1 = r*r;
```

<Fig./352>

<Par./322> Text: <e> ›Scriptographer‹
</> ›Scriptographer‹ <Fig./351-356> von Jürg Lehni (*1978) aus dem Jahr 2002 „is a scripting plugin“. <Ref./084> Die Software bietet dem Anwender laut Lehni die Möglichkeit, die Funktionsweise des Adobe-Zeichenprogramms Illustrator auf Grundlage der JavaScript-Sprache den eigenen Bedürfnissen entsprechend zu erweitern. Es lassen sich unter anderem mausgesteuerte Zeichenwerkzeuge sowie diverse Effektfilter zur Modifikation bestehender Grafiken erzeugen. <Ref./085> So liegt ›Scriptographer‹ beispielsweise auch dem mobilen Sprühfarben-Ausgabegerät ›Hektor‹ zugrunde. Die flexible Einstellung eines variablen Abstands zwischen Wand und Sprühdose ist hierbei jedoch noch nicht vorgesehen. Dies würde die Erzeugung unterschiedlicher Strichstärken aufgrund der variierenden Distanz zwischen Schreibgrund und Schreibwerkzeug ermöglichen.
</>
</>
<¶>

<Fig. /353>

<Fig. /354>

<Fig./355>

The quick brown
fox jumps over
the lazy dog,

<Fig./356>

The LORD is my shepherd;
I shall not want.
He maketh me to lie down
in green pastures:
he leadeth me
beside the still waters.
He restoreth my soul:
he leadeth me
in the paths of righteousness
for his name's sake.
Yea, though I walk through the valley
of the shadow of death,
I will fear no evil:
for thou art with me;
thy rod and thy staff
they comfort me.
Thou preparest a table before me
in the presence of mine enemies:
thou anointest my head with oil,
my cup runneth over.
Surely goodness and mercy
shall follow me
all the days of my life:
and I will dwell
in the house of the LORD
for ever.

<Fig. /361>

<Par./323> Text: <a> Variabilität
</> Es lässt sich festhalten, dass es sich bei den hier aufgeführten Ansätzen nicht etwa um einzelne statische Schriften, sondern vielmehr um sehr dynamische Werkzeuge handelt. Gemeinsam ist allen, dass sich auf diese Weise binnen kürzester Zeit eine nahezu unendliche Vielzahl an unterschiedlichen Schriftformen generieren lässt. Laut Knuth liegt dies in der großen Vielfalt der möglichen Parametereinstellungen von Meta-Tools begründet. <Ref./086> Dies hat zur Folge, dass „continuous variation of parameters can gradually convert a font with an old-fashioned flavor into a contemporary style". <Ref./087> Diese Variabilität <Fig./361> von Meta-Tools bedeutet dabei, dass „visual experiments on different parameter settings can be carried out quickly". <Ref./088> Auf diese Weise können umfangreiche Untersuchungen vorgenommen werden, beispielsweise um die optimale Lesbarkeit eines Schriftentwurfs erzielen zu können. Nach Knuth wären solche Experimente jedoch schlichtweg undenkbar, müsste jedes einzelne Schriftzeichen individuell gezeichnet werden. <Ref./089> Demzufolge zeigt sich, dass „we automatically get consistency of all the symbols whenever the parameters change". <Ref./090>
<¶>
<Par./323> Text: <b> Individualität
</> Knuth ist es dennoch wichtig, dass „the mathematically defined letters be beautiful according to traditional notions of aesthetics". <Ref./091> Meta-Tools können diesbezüglich einen bestimmten Umfang an formaler Individualität <Fig./371> innerhalb der einzelnen Schriftzeichen gewährleisten. Laut Knuth bedarf es hierfür lediglich eines gewissen Maßes an Zufall – einer Random-Funktion – innerhalb der verschiedenen Parametereinstellungen während der Erzeugung der einzelnen Schriftzeichen. <Ref./092> Der Versuch einer Implementierung eines wie auch immer gearteten algorithmischen Zufallsprinzips – in Anlehnung an die individuell erzeugten Schriftzeichen in der Kalligrafie – bedeutet jedoch in der Metatypografie letztendlich nur die Erzeugung einer variierenden äußeren Akzidenz aus einer zunächst gleichbleibenden inneren Substanz heraus.
</>
</>
</>
</>
</>
</>
</>
</>
</>
</>
<¶>

mathematics
mathematics
mathematics
mathematics
mathematics
mathematics
mathematics
mathematics
mathematics
mathematics
mathematics
mathematics

<Fig./371>

<Par./323> Text: <c> Flexibilität
</> Zudem bieten Meta-Tools ein hohes Maß an Flexibilität <Fig./381>, denn „meta-fonts allow us to postpone making decisions about many aspects of a design and to leave them as parameters, instead of freezing their specifications in the initial stages". <Ref./093> Hinsichtlich sich immer weiter differenzierender Displaygrößen und Screenauflösungen ermöglicht diese spezifische Anpassungsfähigkeit von Meta-Tools die adäquate Gestaltung von liquiden Layouts für die diversen digitalen Anwendungen. Ferner lassen sich Meta-Tools je nach Bedarf in ihrer Funktionsweise beliebig erweitern und ergänzen. Hierzu ist Knuth zufolge im Wesentlichen nur ein zusätzliches Programm zur Beschreibung des jeweiligen Schriftzeichens notwendig. <Ref./094> Auf diese Weise ist es möglich, „to give a rigorous definition of the exact shape of the letter […] in such a way that […] we obtain a mathematical definition of type fonts […] that can be used on all machines both now and in the future". <Ref./095>
<¶>
<Par./323> Text: <d> Universalität
</> Das grundlegende Prinzip des Schreibens als eine sich wiederholende Abfolge unterschiedlich ausgeführter Bewegungsabläufe ist darüber hinaus ein für sämtliche Zeichensysteme weltweit gültiges Wesensmerkmal von Schrift. Diese Universalität ermöglicht die Erzeugung einer korrespondierenden Schriftform für sämtliche existierende Zeichensysteme der Welt mittels Meta-Tools. Dies beinhaltet etwa die Möglichkeit eines formal konsistenten Einsatzes unterschiedlicher Zeichensysteme innerhalb einer mehrsprachigen Publikation.
<¶>
<Par./323> Text: <e> Kapazität
</> Darüber hinaus benötigt eine auf einem Skelett beziehungsweise auf einer medialen Achse basierende Meta-Schrift deutlich weniger Kapazität zur Speicherung, da hier sämtliche Informationen, die für die Erzeugung einer variablen Schriftkontur benötigt werden, einzig und allein im innenliegenden Skelett des Schriftzeichens hinterlegt werden können. Dieses Skelett eines Schriftzeichens muss dabei keineswegs stets statisch sein, sondern kann durchaus dynamisch angelegt werden.
</>
</>
</>
</>
</>
</>
</>
<¶>

Mathematical

Mathematical

Mathematical

Mathematical

Mathematical

Mathematical

MATHEMATICAL

MATHematical

Mathematical

<Fig./381>

Typography

Typography

Typography

Typography

Typography

Typography

TYPOGRAPHY

TYPOgraphy

Typography

<Par./330> Artikel: Meta-Codes
<¶>
<Par./331> Text: Substanz
</> Versucht man dem Wesen der Schrift der Zukunft auf den Grund zu gehen, so ist es zunächst wichtig zu erwähnen, auf welche Art und Weise digitale Schriften bis dato erzeugt werden, denn „it is basically done by taking existing fonts and copying them using sophisticated camera equipment and computer programs, together with manual editing". <Ref./096> Dieses Vorgehen erscheint Knuth jedoch grundsätzlich falsch und führt ihn schließlich zu der Überlegung, dass „we should copy the substance rather than the form" und er fragt sich diesbezüglich: „[If] the great type designers of the past were alive today, how would they design fonts for the new equipment"? <Ref./097> Für Knuth ist es also weitaus sinnvoller, die wesentliche Idee hinter den von Hand geschriebenen Schriftzeichen zu verstehen, um daraufhin einen Computer entsprechend dieser Idee programmieren zu können. Entgegen dem bloßen Kopieren der Form eines Schriftzeichens geht es Knuth also vielmehr um das Kopieren der Substanz desselben. Daraus schließt Knuth, dass er lediglich eine bestimmte Methode zu definieren hat, um einem Computer somit das Wissen von Schriftgestaltern und Schriftgestalterinnen beibringen zu können. <Ref./098>
<¶>
<Par./332> Text: Intention
</> Um die Intention des Schriftgestalters möglichst eindeutig aufzeichnen zu können, bedarf es einer unmissverständlich formulierten Vorlage. Auf diese Weise ist man laut Knuth nicht gezwungen, auf die Ungenauigkeit bereits vorgenommener Modifikationen einer Schriftkontur zurückgreifen zu müssen. Idealerweise sollte jedoch die Absicht der Schriftgestalterin so eindeutig formuliert sein, dass diese sogar von einem Computer zufriedenstellend interpretiert werden kann, obwohl dieser die Formen der einzelnen Schriftzeichen nicht versteht. <Ref./099> Allerdings ist dieses Vorhaben mit einigen Schwierigkeiten verbunden, denn „in order to explain a font design to a machine, we need some sort of language or notation that describes the process of letter construction. Drawings themselves do not suffice, unless the design is so simple that all fonts of the family are related to each other by elementary transformations". <Ref./100> Um dieses Problem lösen zu können, entschied sich Knuth, die einzelnen Schriftzeichen einzig über mathematische Formeln zu bestimmen. <Ref./101>
</>
</>
</>
</>
<¶>

<Par./333> Text: Instruktion

</> Knuth geht es nicht allein darum, die Darstellung eines bestimmten Schriftzeichens lediglich mathematisch möglichst genau beschreiben zu wollen, sondern das dem Schriftzeichen zugrundeliegende wesentliche Prinzip entsprechend präzise nachvollziehen zu können. Über entsprechende Parametereinstellungen ist es für ihn somit möglich, unendlich viele verschiedene Darstellungen eines Schriftzeichens erzeugen zu können, die in ihrer formalen Variation dennoch kompatibel zueinander bleiben. <Ref./102> Das bedeutet, dass „a single drawing of a single letter reveals only a small part of what was in the designer’s mind when that letter was drawn. But when precise instructions arc given about how to make such a drawing, the intelligence of that letter can be captured in a way that permits us to obtain an infinite variety of related letters from the same specification. Instead of merely describing a single letter, such instructions explain how that letter would change its shape if other parameters of the design were changed“. <Ref./103> Laut Knuth wird die Herausforderung für den Schriftgestalter in Zukunft nicht mehr in der Gestaltung einzelner, isolierter Schriften liegen, sondern in der möglichst genauen Instruktion dessen, wie sich eine Schriftform an die große Bandbreite der möglichen Spezifikationen adäquat anpassen lässt. <Ref./104>

</>
</>
</>
</>
</>
</>
</>
</>
</>
</>
</>
</>
</>
</>
</>
</>
</>
</>
</>
</>
</>
</>
</>
<¶>

<Par./340> Artikel: Meta-Designer
<¶>
<Par./341> Text: Information
</> Technologische Veränderungen hatten und haben immer auch einen großen Einfluss auf das Tätigkeitsfeld der Schriftgestalterin, denn „eine Frage der Technik ist aber nie eine nur technische Frage“. <Ref./105> Das bedeutet, „ein sich änderndes Bewußtsein ruft nach veränderter Technik, und eine veränderte Technik verändert das Bewußtsein“. <Ref./106> Entgegen ihrer konkreten, äußeren Form sind Schriftzeichen ihrem Wesen nach zunächst einmal als abstrakte, konventionsgebundene Bedeutungsträger zu verstehen. Das heißt, in erster Linie ist „der Schreibende […] ein Zeichensteller, ein Zeichner, ein Designer, ein Semiologe“. <Ref./107> Seine primäre Aufgabe liegt in der Suche und Erzeugung von sinnhaften Zeichen zum Zweck einer sinnstiftenden Information des Menschen und so wird laut Vilém Flusser (1920–1991) „das Typisieren, das Manipulieren von Zeichen, die […] Sinngebung […], besser: Das Informieren […] als die des Menschen würdige Tätigkeit evident“. <Ref./108> Aufgrund der technologischen Weiterentwicklung zeigt sich jedoch, dass sich „das ‚Wesentliche‘ des Schreibens verändert. Es ist ein anderes Schreiben und müsste demzufolge einen neuen Namen bekommen: ‚Programmieren‘“. <Ref./109>
<¶>
<Par./342> Text: Programm
</> Unter einem Programm ist nach Flusser eine Form des Schreibens zu verstehen, die sich vornehmlich an Maschinen richtet, um diese in ihrer Funktionsweise im Sinne des Menschen zu manipulieren, denn „Apparate verhalten sich besser und schneller als Menschen“. <Ref./110> Laut robotlab hat jedoch der Roboter „im Gegensatz zum Menschen […] keinen ihm innewohnenden Willen zur Sinngebung und Sinnsuche“. <Ref./111> Flusser hingegen erkennt in der Übertragung der Vorschriften vom Menschen auf die Maschinen die Möglichkeit zur Befreiung des Menschen, indem er dem Verhalten der Maschinen und somit seinem eigenen Verhalten gewissermaßen erst eine Sinnhaftigkeit verleiht: „Programmieren heißt demnach Sinngebung, und die hinäter dem Programmieren verborgene Absicht ist, den Menschen für eine Sinngebung der Welt und seines Lebens darin frei zu machen“. <Ref./112>
</>
</>
</>
</>
</>
</>
</>
<¶>

<Par./343> Text: Position
</> Für Rappo stellt sich folglich die Frage, ob sich die Position des Schriftgestalters nicht zunehmend zu der einer Programmiererin weiterentwickeln sollte, um letztendlich über die Form seiner Werkzeuge wieder eigenständiger bestimmen zu können. <Ref./113> Einerseits gibt Knuth hierbei zu bedenken, dass „it is now possible to prescribe formulas that match the nuances of the best type designers; and perhaps a talented designer working with appropriate mathematical tools will be able to produce something even better than we now have“. <Ref./114> Andererseits denkt er, dass „the next several years will see mathematicians teaming up with experienced type designers to create truly beautiful new fonts“. <Ref./115> Gemäß Knuth bedeuten diese Überlegungen, dass ein mathematischer Ansatz zur Gestaltung von Schrift nicht unbedingt die Arbeit der Schriftgestalterin ersetzt, sondern ihr vielmehr ein neues und vielseitiges Werkzeug zur Gestaltung von Schrift an die Hand gibt. <Ref./116>
</>
</>
</>
</>
</>
</>
</>
</>
</>
</>
</>
</>
</>
</>
</>
</>
</>
</>
</>
</>
</>
</>
</>
</>
</>
</>
</>
</>
</>
<¶>

<Par./350> Artikel: Rekapitulation 3.0
<¶>
<Par./351> Text: Innovation
</> Der Prozess der Digitalisierung analoger Techniken im Bereich der Schriftgestaltung scheint für Rappo nach wie vor nicht enden zu wollen, da kontinuierlich neue Ansätze zur digitalen Gestaltung von Schrift entwickelt werden. Gleichzeitig stellt er fest, dass die grundlegende technologische Entwicklung und Innovation in diesem Bereich bereits stattgefunden hat und die Standardisierung von Software größtenteils abgeschlossen ist. <Ref./117> Unabhängig davon zeigt sich aber, dass „we are just at the beginning of a general exploration into the field of self-made tools to produce new results, very much along the lines of Knuth's thinking". <Ref./118> Was ist also die Intention dieser technologischen Weiterentwicklung? Rappo vermutet einen wichtigen Grund im Mangel an besseren Alternativen, weshalb viele Gestalterinnen eigene Werkzeuge entwickeln. Er betrachtet das Erstellen von individuellen Ansätzen als einen Versuch der Gestalterin, sich über die Einschränkungen bestehender Software hinwegzusetzen und entsprechende Rahmenbedingungen zu schaffen, um flexibler auf die sich stetig ändernden Anforderungen an die Form von Schrift reagieren zu können. <Ref./119> Dies hat zur Folge, dass „the user is no longer limited to the same tools that are used by most graphic designers around the globe". <Ref./120> Auf diese Weise eröffnet sich dem Gestalter die Möglichkeit, sich von den vorgegebenen Konventionen bestehender Software unabhängig zu machen, um somit zu innovativen Schriftformen gelangen zu können. Die hier aufgelisteten Meta-Tools sind gewissermaßen „statements about today's desktop publishing design chain with all its standards and softwares, which have a strong influence on the aesthetics of the products. They are a call to the designers to not just accept the limitations andpredefined ways of working of current software and make the reappropriation of their tools and the invention of new ones a part of their daily work flow". <Ref./121> Einerseits erlangt damit Lehni zufolge die Gestalterin wieder die Kontrolle über das Werkzeug. <Ref./122> Laut Rappo besteht andererseits die Gefahr, dass „too many gifted designers are getting too deeply into the abstract questions of formulations of technology, so they have no time left to actually use the technology in a creative way". <Ref./123>
</>
</>
</>
</>
</>
</>
</>

</> Interessant ist zudem, dass keiner der hier aufgeführten zeitgenössischen Ansätze in bestehende Software integriert wurde, beispielsweise als Plug-in-Anwendung in Adobes Layoutprogramm InDesign. Es handelt sich meist um Stand-alone-Lösungen, die zwar als eigenständige Programme konzipiert, aber zum Teil noch nicht vollkommen entwickelt sind beziehungsweise über den Status einer Konzeptstudie oder einer Betaversion kaum hinausreichen. Würde man die Funktionen dieser Meta-Tools in bestehende Software implementieren, hätte dies eine revolutionäre und zugleich demokratisierende Auswirkung auf den bestehenden Markt der Schriftindustrie und auf die Tätigkeit der Schriftgestalter selbst. Es würde den Nutzenden den unnötigen schriftgestalterischen Umweg über die Verwendung entsprechender Programme wie FontLab ersparen und es würde sich gleichzeitig das Geschäft mit dem Vertrieb von Schriftlizenzen erübrigen. Häufig stehen den sich somit potenzierenden schriftgestalterischen, aber auch layout- und satztechnischen Möglichkeiten offensichtlich vor allem wirtschaftliche Interessen entgegen. Dies zeigt sich beispielsweise an der mangelnden Resonanz auf das zwar vielversprechende, aber leider kaum veröffentlichte Projekt ›Type Generator‹ von Remo Caminada (*1974) und Ludovic Varone (*1977) aus dem Jahr 2006, einer „software application […] that allows the manipulation of a parametric master font through a simple user interface“. <Ref./124> Mittels dieser Anwendung lassen sich laut Rappo viele der wesentlichen Charaktereigenschaften einer Schrift über eine große Bandbreite an unterschiedlichen Parametern bestimmen und beeinflussen. Veränderungen können entweder an einem oder aber an allen Schriftzeichen gleichzeitig vorgenommen werden. Die Auswirkungen dieser Eingriffe in die Gestalt einer Schrift werden daraufhin in Echtzeit visualisiert. Auf diese Weise lassen sich binnen kürzester Zeit nahezu unendlich viele und neuartige Formvariationen einer Schrift erzeugen. <Ref./125> Dementgegen könnte sich das 2013 gegründete Projekt ›Prototypo‹ der gleichnamigen Entwicklergruppe als unabhängiger „user-friendly parameter-based font generator“ <Ref./126> durchaus am Markt behaupten: „Its unique font creation service is used by more than [35.000] designers coming from over 130 countries“. <Ref./127> Mit der Entwicklung eigener Werkzeuge kann sich die Gestalterin also nicht nur über die Limitationen bestehender Software hinwegsetzen, sondern sich unter Umständen auch völlig neue Verdienstmöglichkeiten erschließen.
</>
</>
</>
</>
</>
<¶>

<Par./352> Text: Notation

</> Jede bisherige technologische Innovation von Schreibwerkzeugen hatte immer auch eine Auswirkung auf die damit erzeugte Schriftform, „hier aber geht es um eine sehr radikale Frage, nämlich: [O]b nicht etwa die Informationsrevolution als Folge einer Erschöpfung der im Schreiben angelegten Virtualitäten aufgefasst werden kann“. <Ref./128> Somit scheint für Flusser das „Schreiben im Sinne einer Aneinanderreihung von Buchstaben und anderen Schriftzeichen“ <Ref./129> offensichtlich keine Zukunft mehr zu haben, denn entgegen der Schriftzeichen existieren für ihn bereits weitaus bessere Formen der Notation. So sind „die neuen Zeichen, die da auf Computermonitoren oder auf Fernsehschirmen erscheinen, […] nicht mehr […] ‚typographisch‘“, <Ref./130> denn „die Leute schreiben […] nicht mehr alphabetisch, sondern sie verwenden andere, sogenannte binäre Codes“. <Ref./131> Laut Flusser basieren diese neuen Codes zwar auf einer sehr einfachen Struktur aus 0 und 1, jedoch gestaltet sich ihre Handhabung ungleich schwieriger. Für ihn handelt es sich dabei um ein ‚strukturell einfaches‘, aber ‚funktionell komplexes‘ System. <Ref./132> Gleichzeitig sagt er jedoch, es sei „ein Merkmal des Fortschritts: Alles wird strukturell komplexer, um funktionell einfacher zu werden“. <Ref./133> In diesem Widerspruch zeigt sich, dass ein technischer Fortschritt gleichzeitig einen kulturellen Rückschritt bedeuten kann. So entspricht etwa die Funktion dieses neuartigen Systems in keinster Weise den bekannten Konventionen des Alphabets. Das bedeutet, so Flusser, dass der Buchdruck zwar eine ‚allgemeine, demokratisierende Alphabetisierung‘ zur Folge hatte, wir jedoch „mit den neuen Computercodes […] wieder illiterat geworden [sind]. Eine neue Kaste von Literati ist entstanden“. <Ref./134>

</>
</>
</>
</>
</>
</>
</>
</>
</>
</>
</>
</>
</>
</>
</>
</>
</>

</> Aus diesem Grund werden wir „lernen müssen, digital zu schreiben, falls eine derartige Notiermethode überhaupt noch ein Schreiben zu nennen ist". <Ref./135> Laut Flusser ist „das Alphabet […] der Code der Aufklärung. Wenn also noch weitergeschrieben wird, dann nur, um das Alphabet aufzuklären, die Schrift zu beschreiben". <Ref./136> Denn „schreibe ich Algorithmen, dann bin ich an eine Grenze des Alphabets vorgestoßen und versuche, über diese Grenze hinaus in Richtung des kritischen Denkens zu gelangen". <Ref./137> Diese Überlegung führt Flusser schlussendlich zu der Frage, ob „in Zukunft die neuen Codes auf dem Alphabet fußen werden, welches sie in sich aufheben und auf neue Ebenen hinaufheben werden, so dass wir – statt Analphabeten – Superalphabeten werden?". <Ref./138> Eine neue Form des Schreibens impliziert unweigerlich auch eine neue Form des Lesens und letztlich auch des Denkens, denn das Prinzip unseres Notierens, des Aufnehmens und schließlich des Verarbeitens von Informationen ist per se ein zeitintensiver Prozess, welcher der Schnelllebigkeit unserer Zeit und der damit verbundenen Zunahme an zu verarbeitenden Informationen in unserem Alltag diametral entgegensteht. Es bedarf demnach einer gewissen Rationalisierung sowohl des Schreib- als auch des Leseprozesses. Die zeitsparende Schreibbewegung des Verbindens von einzelnen Buchstaben zu Wörtern auf dem Touchdisplay eines Mobiltelefons, beispielsweise mittels der Anwendung ›Swype‹, erzeugt dabei völlig neue, gleichsam jedoch nicht sichtbare, abstrakte Schriftzeichen, je nach Verortung der einzelnen Buchstaben auf dem Display. Der Unterschied zwischen dem Verbinden und dem Drücken von Buchstabentasten besteht darin, dass das Verbinden ein fortlaufender Gestus und somit ein deutlich schnellerer Bewegungsablauf ist, wohingegen das Drücken vielmehr einem unterbrochenen Gestus und damit einem erheblich langsameren Bewegungsablauf gleicht. Darüber hinaus erlauben aktuell gängige Kurznachrichtendienste, beispielsweise Twitter (X) seit 2017, einen sehr geringen Umfang von maximal 280 Zeichen je versendeter Textnachricht. Zuvor waren es sogar nur 140 Zeichen je Tweet. Um hier dennoch inhaltlich möglichst differenzierte Aussagen formulieren zu können, müsste das bestehende lateinische Zeichensystem deutlich effizienter gestaltet werden, was eine Reduktion des Zeichenumfangs bedeuten würde. Schlussendlich geht es aber offenbar darum, das mühsame Schreiben und Lesen gänzlich auszulagern, um es folglich einer Maschine neu beizubringen, was wiederum die Frage nach einer adäquaten Mensch-Maschine-Interaktion nach sich zieht.
</>
</>
</>
</>
</>

</> Diese neue Art der Kommunikation zwischen Mensch und Maschine bedarf in erster Linie der Definition eines für beide Seiten gleichermaßen leicht und eindeutig verständlichen Zeichensystems. Eine neue Schrift stellt in dieser Hinsicht einen neuen Code dar, auf welchen sich Mensch und Maschine hinsichtlich einer möglichen gegenseitigen Interaktion zunächst einigen müssen. Die wesentliche Frage lautet, wer letztendlich wem das neue Schreiben beziehungsweise Lesen beibringen wird. Die Bandbreite an maschinenlesbaren Schriften reicht beispielsweise von der im Jahr 1968 durch das 1892 gegründete Unternehmen American Type Founders (ATF) und im Auftrag des American National Standards Institute (ANSI) entwickelten ›OCR-A‹, <Ref./139> einer der ersten, speziell für das sogenannte Optical Character Recognition (OCR) hergestellten Monospace-Schriftarten bis hin zu Gottfried Wilhelm Leibniz' (1646–1716) Weiterentwicklung der im Jahr 1697 von ihm zuerst beschriebenen und in den Jahren 1703 beziehungsweise 1705 in seinem Artikel ›Explication de l'Arithmétique Binaire‹ vollständig veröffentlichten Dyadik des sogenannten Dualsystems, <Ref./140> auf welchem unsere heutigen Binärcodes basieren. Die ›OCR-A‹ wird vor allem zur digitalen Erfassung von analogen Textdokumenten eingesetzt und enthält neben den lateinischen Schriftzeichen noch zusätzliche Funktionszeichen, wie die sogenannten Zeichen ‚Hook', ‚Chair', ‚Fork', ‚Inverted Fork', ‚Belt Buckle' oder auch ‚Bow Tie', die speziell zur Prozesssteuerung bei der optischen Zeichenerkennung mittels eines Scanners zwingend erforderlich sind. Ist die ›OCR-A‹ als alphabetischer Code auch für den Menschen lesbar, so kennt das Dualsystem als binärer Code lediglich die zwei Zustände 0 und 1, woraus sich zwar sämtliche Informationen errechnen lassen, welche von einem Menschen jedoch nicht mehr adäquat interpretiert werden können. Wenn man das Prinzip des menschlichen Denkens als einen Rechenprozess definiert und Zahlen bereits ein allgemein verständliches Zeichensystem darstellen, ist die Mathematik demnach als universell einsetzbare Sprache – als ‚Mathesis Universalis' <Ref./141> – zu verstehen? Leibniz glaubt darüber hinaus in der Einfachheit des Dualsystems sogar einen göttlichen Bezug erkennen zu können, wobei ihm zufolge die Eins gleichbedeutend für Gott und die Null entsprechend für das Nichts steht, denn um „[a]lles aus dem Nichts zu entwickeln genügt Eins". <Ref./142>

</>

</>

</>

</>

</>

</>

</>

<¶>

<Par./353> Text: Code
</> Der technologische Fortschritt hat nicht nur Einfluss auf die Form der Schrift, sondern führt darüber hinaus auch zu neuen Erkenntnissen über das Wesen der Schrift. „[W]e know from experience that we understand an idea much better after we have succeeded in teaching it to someone else; and the advent of computers has brought the realization that even more is true: The best way to understand something is to know it so well that you can teach it to a computer“. <Ref./143> Knuth sieht den Computer in der Funktion eines Hilfsmittels, das dem Schriftgestalter letztendlich helfen sollte, den Mangel an Wissen über das Wesen der Schrift erkennen und entsprechend kompensieren zu können. Er begründet diese Überlegung damit, dass dieser Wissensgewinn in den Erkenntnissen zu finden ist, welche die Schriftgestalterin aus dem Versuch gewinnt, dem Computer die Grundprinzipien des kalligrafischen Schreibens in möglichst einfachen und verständlichen Begriffen beizubringen. Dies wird Knuth zufolge dazu führen, dass das künstlerische Niveau im Bereich der Gestaltung von Schrift sogar weiter ansteigt. <Ref./144> Definiert man Schrift folglich als Code, so bedeutet Schreiben in diesem Sinne nichts anderes als die verbindliche Festlegung und Zusammenfassung von Gesetzen, Regeln oder Normen in einem systematisch aufgebauten Verzeichnis. Für Knuth stellt die algorithmische Codifizierung der einzelnen Schriftzeichen somit vor allem einen umfassenden Wissensspeicher dar, also gewissermaßen eine Art universellen Thesaurus zur dauerhaften Archivierung des verfügbaren Fachwissens hinsichtlich der Gestaltung von Schrift. In der weiteren Konsequenz bedeutet dies, dass „the art of letter design will not be fully understood until it can be explained to a computer; and the process of seeking such explanations will surely be instructive for all concerned. People often find that the knowledge gained while writing computer programs is far more valuable than the computer's eventual output“. <Ref./145> Für Knuth scheint die Möglichkeit der Weiterentwicklung von Schrift unter Beteiligung von professionellen Schriftgestaltern und entsprechenden Meta-Tools äußerst interessant zu sein. <Ref./146> Wobei für ihn insbesondere jenes Wissen von Bedeutung ist, welches in der exakten Beschreibung der einzelnen Schriftzeichen mittels Meta-Codes tatsächlich enthalten ist. <Ref./147>
</>
</>
</>
</>
</>
</>
</>
<¶>

<Fig./410>

<Par./400> Kapitel:

Script 4.0 – Hypertypografie

<¶>

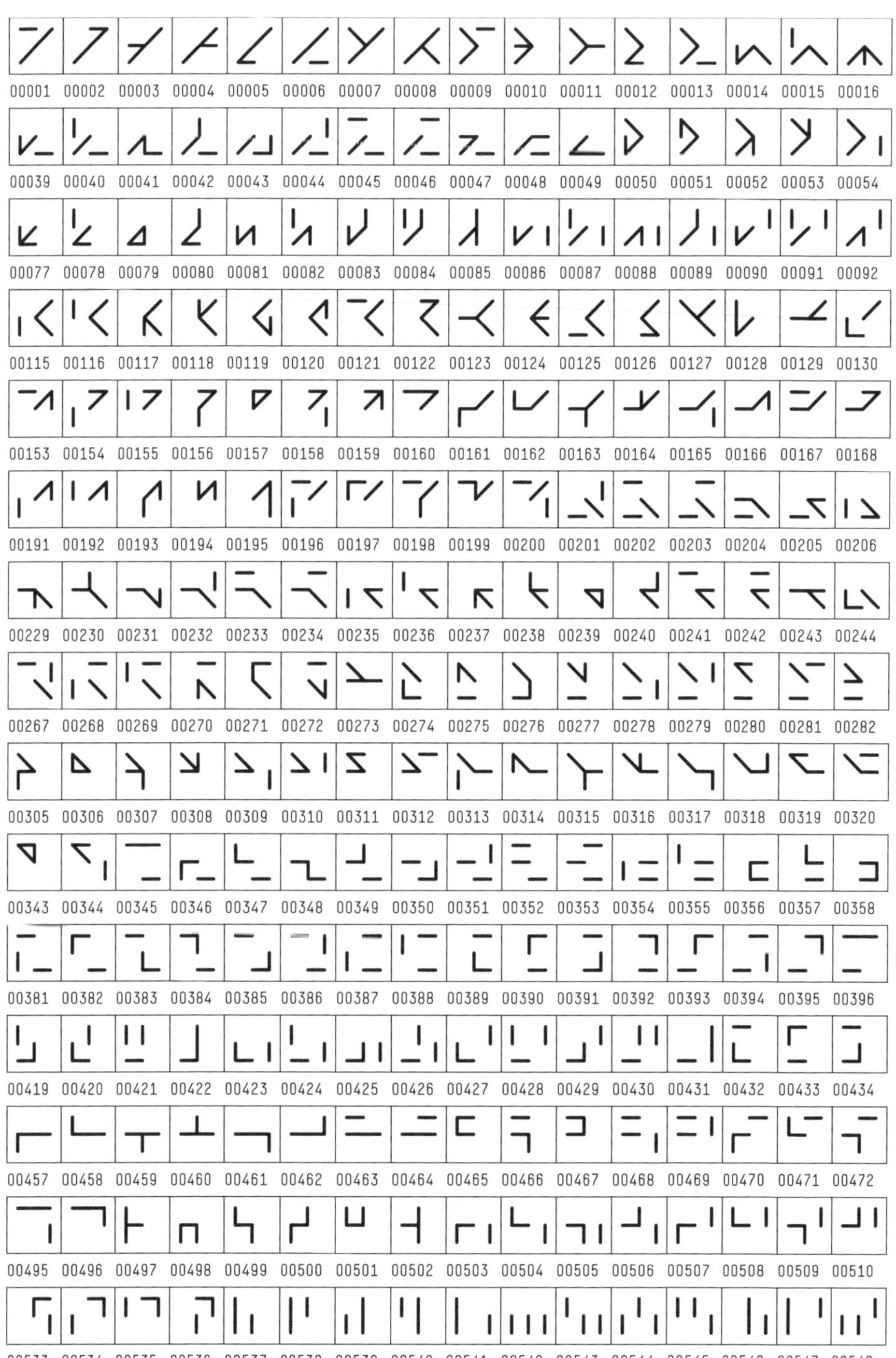
00001 00002 00003 00004 00005 00006 00007 00008 00009 00010 00011 00012 00013 00014 00015 00016
00039 00040 00041 00042 00043 00044 00045 00046 00047 00048 00049 00050 00051 00052 00053 00054
00077 00078 00079 00080 00081 00082 00083 00084 00085 00086 00087 00088 00089 00090 00091 00092
00115 00116 00117 00118 00119 00120 00121 00122 00123 00124 00125 00126 00127 00128 00129 00130
00153 00154 00155 00156 00157 00158 00159 00160 00161 00162 00163 00164 00165 00166 00167 00168
00191 00192 00193 00194 00195 00196 00197 00198 00199 00200 00201 00202 00203 00204 00205 00206
00229 00230 00231 00232 00233 00234 00235 00236 00237 00238 00239 00240 00241 00242 00243 00244
00267 00268 00269 00270 00271 00272 00273 00274 00275 00276 00277 00278 00279 00280 00281 00282
00305 00306 00307 00308 00309 00310 00311 00312 00313 00314 00315 00316 00317 00318 00319 00320
00343 00344 00345 00346 00347 00348 00349 00350 00351 00352 00353 00354 00355 00356 00357 00358
00381 00382 00383 00384 00385 00386 00387 00388 00389 00390 00391 00392 00393 00394 00395 00396
00419 00420 00421 00422 00423 00424 00425 00426 00427 00428 00429 00430 00431 00432 00433 00434
00457 00458 00459 00460 00461 00462 00463 00464 00465 00466 00467 00468 00469 00470 00471 00472
00495 00496 00497 00498 00499 00500 00501 00502 00503 00504 00505 00506 00507 00508 00509 00510
00533 00534 00535 00536 00537 00538 00539 00540 00541 00542 00543 00544 00545 00546 00547 00548

<Par./410> Artikel: Definition 4.0
<¶>
<Par./411> Text: Hypertypografie
</> Der Begriff Hypertypografie bezeichnet ein bis dato gänzlich unbekanntes und daher völlig neu zu definierendes, zukünftiges Zeichensystem, welches das bisher zum Zweck der Kommunikation eingesetzte, jedoch mittlerweile strukturell veraltete lateinische Zeichensystem ablösen wird. Diesbezüglich sind dabei laut Flusser zunächst prinzipiell „alle Verhaltensweisen, wie auch immer, […] programmierbar und automatisierbar. Man muß sie nur in Verhaltenselemente, in Aktome zerlegen dann wieder zurückkomputieren. Eben dieses Zerlegen und Rückkomputieren heißt programmieren“. <Ref./148> Ihm zufolge sind „Programme […] also nicht nur eine völlig neue Schreibart, sie sind außerdem eine Vollendung einer Tendenz, die bereits in den ersten Schriften angelegt war“. <Ref./149> Folglich lässt sich sagen, dass das individuelle Programm einer jeden Schrift gewissermaßen in der inneren Struktur, also dem Skelett beziehungsweise der ‚Herzlinie‘, der einzelnen Schriftzeichen bereits eingeschrieben und gespeichert ist. So zeigt sich im gemeinsamen Grundprinzip des Schreibens von Schriftzeichen vor allem das verbindende Wesensmerkmal von Kalligrafie und Metatypografie mehr als deutlich und unterstreicht die Erkenntnis, dass die Typografie und mit ihr das Prinzip des Beschreibens von Schriftzeichen lediglich eine Ausnahmeerscheinung darstellt. Daraus schließt Knuth, dass die Erfindung des Buchdrucks mit beweglichen Bleilettern und der damit verbundene Einfluss auf die Form von Schrift in Zukunft nur noch als unbedeutende Fußnote der Geschichte wahrgenommen werden wird. <Ref./150>
</>
</>
</>
</>
</>
</>
</>
</>
</>
</>
</>
</>
</>
</>
</>
</>
</>
</>
<¶>

<Par./420> Artikel: Hyper-Tools
<¶>
<Par./421> Text: Hyper-Tools
</> Im Kontext der aktuellen technologischen Entwicklung bedeuten die in dieser Arbeit vorgestellten Meta-Tools momentan eine innovative und zukunftsweisende Möglichkeit, „to define letters and other symbols, but probably even better procedures can be devised with further research". <Ref./151> Denn die Möglichkeit, mittels verschiedener Parametereinstellungen die Außenform von Schrift binnen kürzester Zeit beliebig beeinflussen zu können, wird über kurz oder lang eine stufenlose Angleichung der einzelnen Schriftformen und damit die Erschöpfung des formalen Spielraums im Bereich der klassischen Gestaltung von Schrift zur Folge haben. Diese Tatsache führt zu der Frage nach dem Bedarf an diesen Meta-Tools und den damit erzeugten Schriftformen: „why should we desire meta-fonts?" <Ref./152> Nach Rappo braucht dagegen „die Kurvendynamik modernistischer Fonts […] andere Vorbilder, andere Spurmodelle und andere Schwünge als bei handschriftlichen Kurven" <Ref./153> und erfordert demnach andere Schreibwerkzeuge – also entsprechend neuartige Hyper-Tools. Es lässt sich außerdem feststellen, dass jedes, wie auch immer geartete Schreibwerkzeug nicht nur eine entsprechende Auswirkung auf die äußere, formale Erscheinung einer Schrift hat, sondern darüber hinaus immer auch auf ihr inneres, strukturelles System.
</>
</>
</>
</>
</>
</>
</>
</>
</>
</>
</>
</>
</>
</>
</>
</>
</>
</>
</>
</>
</>
</>
</>

</> So ist zum Beispiel das Projekt ›Sign-Generator 1.0‹ <Fig./410–411> aus dem Jahr 2000 der 1999 von Dimitri Bruni (*1970) und Manuel Krebs (*1970) gegründeten Designergruppe Norm eine systematische Analyse der Grundprinzipien des lateinischen Zeichensystems, wobei „the formal realization is more a visualization of the outcome of this research than a definitive aesthetic proposal". <Ref./154> Die Basis des ›Sign-Generator 1.0‹ besteht aus einem sehr einfachen Raster aus 3×3 Punkten mit 16 möglichen Verbindungen. Das Ziel dieser programmatischen Untersuchung war die automatische Erzeugung formal konsistenter Alternativen zu den bestehenden 26 Zeichen des lateinischen Zeichensystems mittels einer eigens hierfür entwickelten Software: „The resulting 65.536 signs then were studied and carefully grouped by formal themes". <Ref./155> Die strukturelle Grundlage des ›Sign-Generator 1.0‹, also die systematische Erzeugung von Zeichen, basierend auf einem vordefinierten Gestaltungsraster, lässt sich bereits als programmatisches Gestaltungsprinzip in mittelalterlichen Steinmetzzeichen wiederfinden und entsprechend nachvollziehen. <Ref./156> Aufgrund des sehr einfachen Gestaltungsrasters sind die erzeugten Unmengen an Zeichenvariationen, insgesamt betrachtet, formal zwar äußerst konsistent, gleichzeitig aber strukturell viel zu ähnlich, was einer eindeutigen Unterscheidbarkeit der einzelnen Zeichen in hohem Maße entgegensteht. Obwohl sich die Varianz der Zeichenformen aufgrund des einfachen Rasters sehr schnell erschöpft, ist das in seiner Weise einzigartige gestalterische Prinzip des Projekts deutlich interessanter als das formale Endergebnis und offenbart dabei in erster Linie die strukturelle Inkonsequenz des lateinischen Zeichensystems. Die Idee einer gänzlich automatisierten Suche nach neuen und dabei logisch konsequenten Zeichen sowie die ausgewiesen maschinelle Art ihrer Erzeugung könnte man aber auch auf weitaus komplexere Raster anwenden und würde, beispielsweise aufgrund einer höheren Auflösung, zu deutlich differenzierteren Zeichenformen gelangen. Allerdings würde man auf diese Weise auch eine exponentiell ansteigende Anzahl an Zeichenvarianten erzeugen. Es wäre jedoch durchaus vorstellbar, beispielsweise die verschiedenartigen Kombinationsmöglichkeiten des Verbindens von einzelnen Buchstaben zu Wörtern auf der Grundlage der spezifischen Anordnung der Buchstabentasten auf dem Touchdisplay eines entsprechenden Mobiltelefons mittels des systematischen Prinzips des ›Sign-Generator 1.0‹ als ein neues und gleichsam abstraktes Zeichensystem hervorzubringen.
</>
</>
</>
</>
<¶>

<Par./430> Artikel: Hyper-Codes
<¶>
<Par./431> Text: Hyper-Codes
</> Schriftzeichen dienen in erster Linie der Visualisierung von Sprachlauten und ermöglichen damit die Artikulation von Gedanken. Laut Flusser ist „das Denken ein fortschreitender Prozess, der sich von Bildern, von Vorstellungen loslöst, sie kritisiert, um immer begrifflicher zu werden. Diesem Denkverständnis haben wir das Alphabet zu verdanken und dem Alphabet […] dieses Denkverständnis. Aus dem neuen Verständnis des Denkens sind die digitalen Codes entstanden, und dank Feedback werden wir desto deutlicher quantisch und bildgebunden denken, je mehr wir uns dieser Codes bedienen“. <Ref./157> Dies habe zur Folge, dass sich das Alphabet mit dem Ende der Schriftkultur in sein Gegenteil wandeln und sich schlussendlich von einem abstrakten, fonografischen zu einem konkreten, ikonografischen Zeichensystem zurückentwickeln wird. <Ref./158> Dieser Aspekt zeigt deutlich, dass die Schrift ihrem Wesen nach ein scheinbar überholter Code ist. Somit ist auch in der fortlaufenden Modifikation der Außenform der einzelnen Schriftzeichen des lateinischen Zeichensystems, selbst mittels Meta-Codes, keinerlei relevantes Innovationspotenzial für die Gestaltung von Schrift zu erwarten. Und so scheint es, als ob „nur noch Historiker und andere Spezialisten […] in Zukunft Schreiben und Lesen lernen müssen“. <Ref./159> Es stellt sich somit die Frage, welche Prinzipien zur Codifizierung von Informationen – also welche Hyper-Codes – in Zukunft überhaupt zu gestalten sind, denn „die Absicht des numerischen Codes ist [es], das Alphabet über sich selbst hinaus voranzutreiben, die der digitalen ist [es], das Alphabet über Bord zu werfen“. <Ref./160>
</>
</>
</>
</>
</>
</>
</>
</>
</>
</>
</>
</>
</>
</>
</>
</>
</>
<¶>

<Par./440> Artikel: Hyper-Designer
<¶>
<Par./441> Text: Hyper-Designer

</> Die Aspekte der zuvor genannten technologischen Weiterentwicklung sowie die daraus resultierende Anforderung an die Funktionsweise eines entsprechenden Zeichensystems bedeuten eine umfassende Veränderung der bisherigen Tätigkeit einer Schriftgestalterin, denn „the future of typography depends on the people who know the most about creating patterns of 0s and 1s; it depends on mathematicians and computer scientists“. <Ref./161> Da sich die Bedeutung von Zeichen, entgegen ihrer formalen Gestaltung, jedoch nicht programmieren lässt, wird die Kernkompetenz des Schriftgestalters in Zukunft in der Schaftung innovativer Zeichensysteme liegen, denn „wir sind eben daran, das Aufschreiben (das Schreiben überhaupt) den Apparaten zu überlassen und uns auf Bildermachen und Bilderbetrachten zu konzentrieren“. <Ref./162> Die Schriftgestalterin der Zukunft – also die Hyper-Designerin – wird folglich viel grundsätzlicher über das innere Programm der Schrift als über die formale Ausprägung seiner Einzelzeichen nachzudenken haben. Andernfalls wird er weiterhin formale Reproduktionen bereits bestehender und veralteter Programmversionen erzeugen. Die Möglichkeit zur schriftgestalterischen Innovation liegt einzig in der Gestaltung der Binnenstruktur eines neu zu definierenden Zeichensystems. „[A]llerdings sind die meisten von uns verdammt, reaktionär zu denken, weil die spurengrabende Denkart in uns eingegraben ist. Wir würden lieber weiterhin schreiben und drucken.“ <Ref./163>

</>
</>
</>
</>
</>
</>
</>
</>
</>
</>
</>
</>
</>
</>
</>
</>
</>
</>
</>
<¶>

<Par./450> Artikel: Rekapitulation 4.0
<¶>
<Par./451> Text: Semiotik
</> Das Wesen der Schrift ist im Zusammenspiel aus innerer Struktur und äußerer Form der jeweiligen Einzelzeichen eines Zeichensystems zu finden, denn „der Kern des Zeichens ist wie der reine Ton in der Musik. Die Außenform jedoch bewirkt den Klang". <Ref./164> Diese beiden Wesenszüge von Schrift beeinflussen sich während des Schreibprozesses wechselseitig und hängen dabei unmittelbar von den Möglichkeiten sowie der entsprechenden Handhabung des eingesetzten Schreibwerkzeugs ab. Das Beispiel des ›Sign-Generator 1.0‹ verdeutlicht eindrücklich die tatsächlichen Stärken und Möglichkeiten sowie die spezifischen Besonderheiten des Computers als universelles Schriftgestaltungswerkzeug mit der Fähigkeit zur umfänglichen Errechnung und Erzeugung alternativer Zeichenstrukturen. Die technologische Weiterentwicklung von Schreibwerkzeugen beeinflusst nicht nur die somit erzeugte Binnenstruktur beziehungsweise Außenform von Schrift, sondern darüber hinaus auch die jeweilige Handhabung dieser Werkzeuge und damit die Tätigkeit des Schreibenden. Das bedeutet, dass sich das Wesen der Schrift der Zukunft über einen Dreiklang aus: 1. den Optionen des Schreibwerkzeugs – dem Tool, 2. den Konventionen des Schriftsystems – dem Code, sowie 3. den Intentionen der Schreibenden – den Designerinnen und Designern – definieren, aber auch beeinflussen lässt. Die Veränderung eines dieser drei Aspekte wirkt sich auf die Gesamtheit des genannten Dreiklangs aus.
</>
</>
</>
</>
</>
</>
</>
</>
</>
</>
</>
</>
</>
</>
</>
</>
</>
</>
</>
</>
</>

</> Das bedeutet, dass eine tatsächliche, strukturelle Innovation im Kontext von Schriftgestaltung nicht nur allein mittels eines neuartigen Schreibwerkzeugs, wie beispielsweise des Computers, sondern erst über eine gesamtheitliche Veränderung der drei hier aufgeführten Aspekte möglich ist. Nichtsdestotrotz ist und bleibt der Computer in diesem Kontext zunächst nichts weiter als ein Hilfsmittel in Form einer lediglich kalkulierenden und erzeugenden Varianten-Maschine. Die inhaltliche Aufladung eines Zeichens mit einer bestimmten Bedeutung und Aussage bleibt dabei weiterhin eine rein menschliche Tätigkeit. Seit Veröffentlichung des Projekts ›Sign-Generator 1.0‹ im Jahr 2000 zeigt sich darüber hinaus ein offensichtliches Vakuum hinsichtlich der Suche nach einem innovativen Zeichensystem unter gleichzeitiger Verwendung der fortschrittlichsten technologischen Möglichkeiten unserer Zeit. Die Suche nach einem neuen Ansatz für ein progressives Zeichensystem zieht die Frage nach sich, worin das Wesen eines Zeichens besteht und vor allem, wie es überhaupt entsteht. So lässt sich zunächst feststellen, dass ein Zeichen ohne jegliche inhaltliche Bedeutung beziehungsweise ohne einen entsprechenden Objekt- oder Sachbezug kein Zeichen ist, sondern lediglich eine sinnlose und dadurch überflüssige Form darstellt. Somit kann ein Zeichen im Sinne einer Semiotik, wie etwa nach Charles S. Peirce (1839–1914), Ferdinand de Saussure (1857–1913) oder auch Roland Barthes (1915–1980), erst dann entstehen, wenn es innerhalb eines bestimmten Bezugsystems bezeichnenderweise für etwas steht. <Ref./165> Indem Knuth sagt, dass es einer möglichst einfachen Meta-Sprache, also eines möglichst einfachen Zeichensystems, bedarf, um einer Maschine die durchaus komplexen Formen des lateinischen Zeichensystems adäquat beibringen zu können, impliziert er einerseits, dass diese Meta-Codes ein universell gültiges beziehungsweise ein interkulturell verständliches Zeichensystem darstellen und andererseits, dass eine Maschine dabei jedoch stets die Funktion eines inhaltlich passiven oder eines nicht reflektierenden, reinen Befehlsempfängers und Auftragsbearbeiters übernimmt. Wie aber könnte solch ein universell gültiges Zeichensystem in Zukunft aussehen und wäre eine künstlich-intelligente Maschine unter Umständen sogar dazu in der Lage, auch unabhängig vom Menschen, gänzlich eigene und somit völlig neue, bedeutungstragende Zeichensysteme zu erzeugen?

</>
</>
</>
</>
</>
</>
<¶>

<Fig./510>

<Par./500> Kapitel:

Postscriptum

<¶>

<Fig./511>

<Par./510> Artikel: Pasigrafie
<¶>
<Par./511> Text: Pasigrafie
</> Rückblickend gab es in der geschichtlichen Entwicklung der Schrift bereits mehrere, gänzlich unterschiedliche Ansätze, ein universell gültiges Zeichensystem – eine Pasigrafie – einzuführen, um eine weltweite und interkulturelle Kommunikation zu ermöglichen, beispielsweise die von Charles K. Bliss (1897–1985) Mitte der 1940er-Jahre entwickelten ›Bliss-Symbole‹. <Ref./166> Sämtliche dieser historischen, aber auch zeitgenössischen Versuche zur Implementierung einer von Grund auf neu geplanten und dabei universell gültigen sowie interkulturell verständlichen Systemschrift scheiterten jedoch allesamt an ihrer inhaltlichen Komplexität sowie ihrer mangelnden Verständlichkeit und haben sich weitestgehend als Utopie herausgestellt. Höchst wahrscheinlich lässt sich dieser Umstand vor allem auf die immens hohe Anzahl an neu zu erlernenden Einzelzeichen sowie deren Kombinationsmöglichkeiten zurückführen. Wenn jedoch schon der Versuch zur Einführung eines solchen neuen, allumfassenden Zeichensystems für Menschen unmöglich zu sein scheint, worauf kann dann eine adäquate Kommunikation mit Maschinen basieren?
</>
</>
</>
</>
</>
</>
</>
</>
</>
</>
</>
</>
</>
</>
</>
</>
</>
</>
</>
</>
</>
</>
</>
</>
</>
</>

</> Während der Bedarf an einer weltweiten, interkulturellen Kommunikation im Zuge der Digitalisierung der Medien einerseits wieder deutlich an Bedeutung gewonnen hat, konnte andererseits, in technischer Hinsicht, zwischenzeitlich nur auf einen erheblich begrenzten Zeichenvorrat zur gleichzeitigen Darstellung von unterschiedlichen Sprachen innerhalb eines Textes zurückgegriffen werden. So umfasste beispielsweise der im Jahr 1963 von der American Standards Association (ASA) eingeführte ›American Standard Code for Information Interchange‹ (ASCII) insgesamt nur 128 Codepositionen – 95 druckbare Schriftzeichen und 33 nicht druckbare Steuerungszeichen. <Ref./167> Erst 1991, mit Einführung der Version 1.0 des international gültigen Unicode-Standards durch das im selben Jahr gegründete Unicode-Konsortium, wurde es auch langfristig möglich, sämtliche weltweit bekannten und bedeutungstragenden Zeichen in einem umfassenden und vor allem vereinheitlichten digitalen Code normgerecht zusammenzufassen. Der Unicode-Standard umfasst dabei insgesamt 17 Ebenen – die Planes – mit jeweils 65.536 möglichen Code-Positionen. <Ref./168> Da der Unicode-Standard stetig erweitert wird, sind mit der Veröffentlichung der Version 15.1 im Jahr 2023 von den insgesamt 1.114.112 zur Verfügung stehenden Codepositionen aktuell 149.813 Zeichen für 161 Schriftsysteme – die Scripte – definiert. Dabei ist vor allem interessant, dass in zunehmendem Maß neuartige Bildzeichen über den Unicode-Standard codiert werden. <Ref./169> Mittlerweile lässt sich der Umfang an codierten Zeichen – den Glyphen – nicht mehr vollständig in nur einer OpenType-Datei abbilden.

</>
</>
</>
</>
</>
</>
</>
</>
</>
</>
</>
</>
</>
</>
</>
</>
</>
</>
</>
</>
<¶>

<Par./520> Artikel: Fonografie
<¶>
<Par./521> Text: Fonografie
</> Das lateinische Schriftsystem repräsentiert das visuelle Abbild der unterschiedlichsten Sprachen, wobei ein formal identisches Schriftzeichen gleichsam für unterschiedliche Sprachlaute in den verschiedenen Sprachen stehen kann. Ein universelles Schriftsystem zur Darstellung und Unterscheidung sämtlicher Sprachlaute des Menschen stellt das von der 1886 gegründeten International Phonetic Association (IPA) im Jahr 1888 entwickelte und 1989 wesentlich überarbeitete ›Internationale Phonetische Alphabet‹ (IPA) dar, welches sowohl auf dem lateinischen als auch auf dem griechischen Zeichensystem basiert. <Ref./170> Es ermöglicht dabei die lautgetreue Transkription von Textinhalten aus einer Sprache in eine andere. Es unterscheidet sich von der buchstabengetreuen Transliteration von Textinhalten aus einem Schriftsystem in ein anderes. Die offensichtliche Diskrepanz in der visuellen Darstellung der einzelnen Laute, beispielsweise der deutschen Sprache durch entsprechende Schriftzeichen des lateinischen Zeichensystems, besteht darin, dass die weitaus größere Anzahl der möglichen Laute – die Fone – der deutschen Sprache nicht mit der Anzahl der über das lateinische Zeichensystem zur Verfügung stehenden Lautzeichen – den Grafemen – übereinstimmt und diese überdies formal inkonsistent sind, das heißt in ihrer äußeren Erscheinung nicht mit den einzelnen Lautgruppen – den Fonemen – der deutschen Sprache korrelieren, was sich unter anderem mit der Verschiebung der Lautbedeutung der einzelnen Schriftzeichen begründen lässt. Das bedeutet also, dass wir zwar deutsch sprechen, aber lateinisch schreiben. Philipp Stamms (*1966) ›Phonogramme‹ aus dem Jahr 1995 stellen als geplante Erweiterung des bestehenden lateinischen Zeichensystems für die deutsche Sprache eine systematische Analyse dieser Thematik dar. <Ref./171> Nichtsdestotrotz lässt sich feststellen, dass aufgrund der technischen Möglichkeiten von Spracherkennung und Spracheingabe, beispielsweise mittels Apples ›Siri‹, mittlerweile zunehmend Sprach-, anstatt Textnachrichten versendet werden. Wir bedienen uns also direkt der Laute, anstatt diese über den Umweg von entsprechenden Lautzeichen einer wie auch immer gearteten Lautschrift – einer so zu bezeichnenden Fonografie – textlich zu verarbeiten. Dieser Umstand lässt die für die Typografie im Grunde mehr als wesentlichen Schreibbewegungen des Drückens oder auch Verbindens von einzelnen Buchstabentasten und somit letztendlich auch die Typografie selbst überflüssig erscheinen.
</>
</>
<¶>

<Par./530> Artikel: Ikonografie

<¶>

<Par./531> Text: Ikonografie

</> Wenn Flusser also behauptet, dass sich das Alphabet in Zukunft von einem sprachbezogenen zu einem bildbezogenen Zeichensystem – also gewissermaßen zu seinem Ursprung – zurückentwickeln wird, dann ist jedoch nicht davon auszugehen, dass beispielsweise das im Laufe der Jahrhunderte um 180 Grad gedrehte Schriftzeichen ‚A' wieder in seiner ursprünglichen Bedeutung ‚Aleph' als entsprechendes Sinnbild für einen Stier verwendet werden wird. Viel wahrscheinlicher ist es, dass völlig neue Bildzeichen entwickelt werden, die sich aus Objekten oder Sachverhalten unseres modernen Lebensumfelds ableiten lassen. Da dieses Umfeld sehr stark von digitalen und vor allem auch mobilen Kommunikationsmöglichkeiten geprägt ist, ist anzunehmen, dass sich solch eine neue Ikonografie in erster Linie hieraus entwickeln wird. Ein bereits bestehender Beleg dafür sind die Emoticons sowie Emojis, die zwar aktuell lediglich als Ergänzung zu digitalen Textnachrichten eingesetzt werden, jedoch langfristig und bei zunehmender Verwendung durchaus zu einer möglichen Verdrängung der Schriftzeichen führen könnten. Interessant hierbei ist vor allem, dass in beiden genannten Bildzeichensystemen der Wortstamm des Begriffs der ‚Emotion' enthalten ist. Dies impliziert, dass Bildzeichen vor allem die Gefühle des Menschen ansprechen, wohingegen Schriftzeichen eher den Verstand adressieren. Laut Flusser ist das Schreiben von Schriftzeichen zunächst einmal ein linearer Prozess, welcher ein ebenso lineares Lesen erfordert und somit ein lineares Denken nach sich zieht. Da Bilder dementgegen nicht linear geschrieben beziehungsweise gelesen werden, sich die Prozesse des Schreibens, des Lesens und Denkens aber offensichtlich gegenseitig beeinflussen und bedingen, werden Bilder folglich das lineare Denken nachhaltig verändern und ablösen. Wir sehen uns also einem aufkommenden Zeitalter der Bilder ausgesetzt, die uns langfristig zwingen werden, unser bisheriges lineares Denken aufzugeben. Dieser bevorstehende und bereits 1994 durch Gottfried Boehm (*1942) beschriebene ‚Iconic Turn' <Ref./172> müsste vielmehr ‚Iconic Re-Turn' heißen, denn mit der Wiederkehr der Bilder gelangen wir zurück zum Ursprung unserer Schriftzeichen.

</>

</>

</>

</>

</>

</>

</>

</>

</> Der Macht der Bilder können wir uns nicht entziehen, denn Bildzeichen sind ursprünglicher und tiefer in uns verwurzelt als Schriftzeichen. Wir sind mit Bildern groß geworden und nun sind wir gezwungen, einen neuen Umgang mit ihnen zu finden. So werden wir unsere Erinnerungen zukünftig wohl nicht mehr aufschreiben, sondern vielmehr abbilden. In diesem Sinn müssen wir gänzlich neu lernen zu kommunizieren und folglich auch zu denken, denn wir können uns nur dann wirklich weiterentwickeln, wenn wir auch bereit sind, uns entsprechend fortzubilden.
</>
</>
</>
</>
</>
</>
</>
</>
</>
</>
</>
</>
</>
</>
</>
</>
</>
</>
</>
</>
</>
</>
</>
</>
</>
</>
</>
</>
</>
</>
</>
</>
</>
</>
</>
</>
</>
</>
<¶>

<Par./540> Artikel: Androidografie
<¶>
<Par./541> Text: Androidografie
</> Mit ihrem spannenden Projekt ›Sketch Furniture‹ <Fig./510-511> aus dem Jahr 2005 verlässt die 2003 von Sofia Lagerkvist (*1976), Anna Lindgren (*1977), Charlotte von der Lancken (*1978) und Katja Sävström (*1976) gegründete Designergruppe Front schließlich den klassisch zweidimensionalen Rahmen des Schreibens und hinterfragt mit ihrem ausgewiesen performativen Gestaltungsansatz gängige Designprozesse sowie deren Konventionen. Es geht dabei um die im Wesentlichen sehr einfache Überlegung, ob es grundsätzlich möglich wäre, „to let a first sketch become an object, to design directly onto space". <Ref./173> Ermöglicht wird dies mit einer eigens hierfür entwickelten, einzigartigen Methode, bei der zwei fortschrittliche Technologien miteinander verknüpft werden: Zunächst werden die mittels eines digitalen Stifts individuell im Raum ausgeführten Freihand-Zeichenbewegungen via Motion Capture als digitale 3-D-Daten mit einer Videokamera eingefangen und aufgezeichnet. Anschließend können diese dann mittels Rapid Prototyping in beliebiger Stofflichkeit und Stückzahl über einen 3-D-Drucker ausgegeben und umgehend materialisiert werden. <Ref./174> Interessant an diesem Projekt ist dabei einerseits das direkte Wechselspiel zwischen einer zunächst ideell ausgeführten Schreibbewegung und ihrer letztlich materiell vorliegenden Endform sowie andererseits der offensichtliche Einfluss der spezifischen Möglichkeiten des Raumes auf den eigentlichen Gestaltungsprozess. Spielt dabei in diesem Projekt die Erkennung der charakteristischen Gestik einer ausgeführten Schreibbewegung noch eine wesentliche Rolle hinsichtlich des somit erzeugten Zeichens, so könnte dies in Zukunft, beispielsweise mittels digitaler Gesichtserkennung, einzig über die spezifische Mimik eines entsprechend variantenreich ausgeführten Gesichtsausdrucks des Menschen bewerkstelligt werden. Darüber hinaus ist zu erwarten, dass sich mittels Datenbrillen und Augmented Reality die Entmaterialisierung des Mediums Schrift weiter fortsetzen wird. Dies führt gleichzeitig zu einer weitaus direkteren und vor allem unmittelbareren Kommunikation zwischen Mensch und Maschine, welche letztlich in einer rein gedanklich geführten Interaktion – einer Art Androidografie – der beiden münden könnte. Auf diese Weise entwickelt sich der eine folglich zum Maschinen-Mensch, die andere wiederum zur Mensch-Maschine, um schlussendlich untrennbar zu einem idealen Mensch-Maschine-Wesen – zum Androiden – zu verschmelzen.
</>
</>
</>
<¶>

<Par./550> Artikel: Rekapitulation
<¶>
<Par./551> Text: Ästhetik
</> Der technische Fortschritt hatte historisch betrachtet immer einen prägenden Einfluss auf die Form der Schrift. Die aktuellen Tendenzen bedeuten jedoch einen massiven und nicht zu unterschätzenden strukturellen Wandel. Der gerade vor sich gehende mediale Umbruch wirkt sich auch auf soziokultureller Ebene und somit auf die Grundlage unseres demokratisch-gesellschaftlichen Zusammenlebens aus. Wenn wir also von einer künstlich-intelligenten Mensch-Maschine-Interaktion sprechen, wie unterscheiden wir dann zukünftig, ob wir noch mit einem organischen Menschen, einem künstlichen Bot oder bereits mit einer künstlich-organischen Zelle kommunizieren? Wir sind in diesem Zusammenhang ständig von Schriftzeichen umgeben, deshalb erscheint uns die Schrift als etwas völlig Selbstverständliches. Dabei ist unsere Schrift einer unserer wichtigsten soziokulturellen Identitätsträger und Wissensspeicher überhaupt. Die wirklich essenzielle Frage hierbei ist jedoch, wie lange diese scheinbar unumstößliche Tatsache noch als zutreffend gelten wird. Es geht hier nicht darum, die Disziplin der Schriftgestaltung gänzlich infrage stellen oder gar abschaffen zu wollen, sondern vielmehr darum, das Feld an neuen Möglichkeiten auszuloten und entsprechend zu erweitern, um einen breiteren als auch demokratischeren Zugang zu diesem Bereich zu ermöglichen. Unser Habitus als ‚Apparatus Sapiens' <Ref./175> sollte dabei vielmehr auf dem kreativen Umgang mit innovativen Werkzeugen oder ihrer eigenhändigen Herstellung fokussiert liegen. So wäre beispielsweise eine völlig autonom schreibende und im Sinne unserer Wahrnehmung letztlich nach eigenen Gesetzmäßigkeiten gestaltende Drohne in naher Zukunft durchaus vorstellbar und könnte zu einer vollkommen neuen Ästhetik führen.
</>
</>
</>
</>
</>
</>
</>
</>
</>
</>
</>
</>
</>
</>
</>
<¶>

<Fig./251> Bild: „The ‚e' […] encoded in PostScript […]"
(Ausschnitt),
aus: Bringhurst (2008), Seite: 183.
Copyright: Hartley & Marks Publishers
(Vancouver, 2023).

<Fig./252> Bild: „Konstante Linienführung der einzelnen
Schnitte durch digitale [Interpolation] […]"
(Ausschnitt),
aus: Osterer; Stamm (2009), Seite: 100.
Copyright: Feinherb Visuelle Gestaltung
(Basel, 2023).

<Fig./261> Bild: „27 Schnitte der digitalen Univers LT […]",
aus: Osterer; Stamm (2009), Seite: 104.
Copyright: Feinherb Visuelle Gestaltung
(Basel, 2023).

<Fig./271> Bild: „Interpolation Theory –
About interpolation",
aus: LucasFonts (01/2017), Seite: <B>.
Copyright: Luc(as) de Groot (Berlin, 2023).

<Fig./272> Bild: „Interpolation Theory –
About interpolation",
aus: LucasFonts (01/2017), Seite: <B>.
Copyright: Luc(s) de Groot (Berlin, 2023).

<Fig./273> Bild: „Interpolation Theory –
Interpolation theory" (Ausschnitt),
aus: LucasFonts (01/2017), Seite: <B>.
Copyright: Luc(as) de Groot (Berlin, 2023).

<Fig./274> Bild: „Interpolation Theory –
Interpolation theory" (Ausschnitt),
aus: LucasFonts (01/2017), Seite: <B>.
Copyright: Luc(as) de Groot (Berlin, 2023).

<Fig./275> Bild: „Interpolation Theory –
Topology of single letters" (Ausschnitt),
aus: LucasFonts (01/2017), Seite: <B>.
Copyright: Luc(as) de Groot (Berlin, 2023).

<Fig./276> Bild: „Interpolation Theory –
Topology of single letters",
aus: LucasFonts (01/2017), Seite: <B>.
Copyright: Luc(as) de Groot (Berlin, 2023).

<Fig./281> Bild: „The three-dimensional coordinate system",
aus: <b> Noordzij (2009), Seite: 78.
Copyright: VG Bild-Kunst (Bonn, 2023).

<Fig./282> Bild: „The cube […] is constituted
by interpolations of the letter ‚e'",
aus: <b> Noordzij (2009), Seite: 79.
Copyright: VG Bild-Kunst (Bonn, 2023).

<Fig./283> Bild: „The eight master designs of the
glyph ‚A' in the font Adobe Kepler MM […]"
(Ausschnitt),
aus: Haralambous (2007), Seite: 677.
Copyright: O'Reilly Media (Sebastopol, 2023).

<Fig./291> Bild: „[…] Außenlinien […] der Beowolf"
(Ausschnitt),
aus: Sauthoff; Wendt; Willberg (1998),
Seite: 65.
Copyright: Verlag Hermann Schmidt
(Mainz, 2023).

<Fig./292> Bild: „[…] Außenlinien […] der Beowolf"
(Ausschnitt),
aus: Sauthoff; Wendt; Willberg (1998),
Seite: 65.
Copyright: Verlag Hermann Schmidt
(Mainz, 2023).

¶

<App./040> Index: Script 3.0 – Metatypografie

¶

<Fig./310> Bild: „The letter S" (Ausschnitt),
aus: <a> Knuth (1986), Seite: 405.
Copyright: Pearson Deutschland
(München/Hallbergmoos, 2023).

<Fig./311> Bild: „The letter S" (Ausschnitt),
aus: <a> Knuth (1986), Seite: 404.
Copyright: Pearson Deutschland
(München/Hallbergmoos, 2023).

<Fig./312> Bild: „The letter S",
aus: <a> Knuth (1986), Seite: 404.
Copyright: Pearson Deutschland
(München/Hallbergmoos, 2023).

<Fig./313> Bild: „The letter s",
aus: <a> Knuth (1986), Seite: 344.
Copyright: Pearson Deutschland
(München/Hallbergmoos, 2023).

<Fig./314> Bild: „The letter S",
aus: <a> Knuth (1986), Seite: 404.
Copyright: Pearson Deutschland
(München/Hallbergmoos, 2023).

<Fig./315> Bild: „The letter s",
aus: <a> Knuth (1986), Seite: 344.
Copyright: Pearson Deutschland
(München/Hallbergmoos, 2023).

<Fig./316> Bild: „The letter S",
aus: <a> Knuth (1986), Seite: 404.
Copyright: Pearson Deutschland
(München/Hallbergmoos, 2023).

<Fig./317> Bild: „The letter s",
aus: <a> Knuth (1986), Seite: 344.
Copyright: Pearson Deutschland
(München/Hallbergmoos, 2023).

<Fig./321> Bild: „MF Adjuster – Pen width transformation […]"
(Ausschnitt),
aus: Metaflop (01/2017), Seite: <D>.
Copyright: Metaflop (Zürich, 2023).

<Fig./322> Bild: „Metaflop – Modulator",
aus: Metaflop (01/2017), Seite: <D>.
Copyright: Metaflop (Zürich, 2023).

<Fig./323> Bild: „MF Adjuster – Unit width transformation […]",
aus: Metaflop (01/2017), Seite: <D>.
Copyright: Metaflop (Zürich, 2023).

<Fig./324> Bild: „MF Bespoke – Contrast transformation […]",
aus: Metaflop (01/2017), Seite: <D>.
Copyright: Metaflop (Zürich, 2023).

<Fig./325> Bild: „MF Adjuster – Transformation
of the angle parameter",
aus: Metaflop (01/2017), Seite: <D>.
Copyright: Metaflop (Zürich, 2023).

<Fig./326> Bild: „MF Bespoke – Parameter series",
aus: Metaflop (01/2017), Seite: <D>.
Copyright: Metaflop (Zürich, 2023).

<Fig./331> Bild: „Calligrapher – Au travail",
aus: <b> Rappo (2006), Seite: 19.
Copyright: Jürg Lehni (Zürich, 2023).

<Fig./332> Bild: „Calligrapher – Au travail" (Ausschnitt),
aus: <b> Rappo (2006), Seite: 16.
Copyright: Jürg Lehni (Zürich, 2023).

<Fig./333> Bild: „Calligrapher – Au travail" (Ausschnitt),
aus: <b> Rappo (2006), Seite: 16.
Copyright: Jürg Lehni (Zürich, 2023).

<Fig./334> Bild: „Calligrapher – Au travail" (Ausschnitt),
aus: <b> Rappo (2006), Seite: 17.
Copyright: Jürg Lehni (Zürich, 2023).

<Fig./335> Bild: „Calligrapher – Au travail" (Ausschnitt),
aus: <b> Rappo (2006), Seite: 17.
Copyright: Jürg Lehni (Zürich, 2023).

<Fig./336> Bild: „Calligrapher – Au travail" (Ausschnitt),
aus: <b> Rappo (2006), Seite: 17.
Copyright: Jürg Lehni (Zürich, 2023).

<Fig./337> Bild: „Calligrapher – Au travail" (Ausschnitt),
aus: <b> Rappo (2006), Seite: 17.
Copyright: Jürg Lehni (Zürich, 2023).

<Fig./338> Bild: „Calligrapher – Au travail",
aus: <b> Rappo (2006), Seite: 18.
Copyright: Jürg Lehni (Zürich, 2023).

<Fig./341> Bild: „KalliCulator – Skeleton-PFO-
Ovalaatjes-Extremes-Linetos-Beziers",
aus: TypeMyType (12/2011), Seite: <D>.
Copyright: Frederik Berlaen
(Sint-Amandsberg, 2023).

<Fig./342> Bild: „KalliCulator – Screenshots" (Ausschnitt),
aus: TypeMyType (12/2011), Seite: <D>.
Copyright: Frederik Berlaen
(Sint-Amandsberg, 2023).

<Fig./343> Bild: „KalliCulator – Skeleton-PFO-
Ovalaatjes-Extremes-Linetos-Beziers",
aus: TypeMyType (12/2011), Seite: <D>.
Copyright: Frederik Berlaen
(Sint-Amandsberg, 2023).

<Fig./344> Bild: „KalliCulator – Skeleton-PFO-
Ovalaatjes-Extremes-Linetos-Beziers",
aus: TypeMyType (12/2011), Seite: <D>.
Copyright: Frederik Berlaen
(Sint-Amandsberg, 2023).

<Fig./345> Bild: „KalliCulator – Skeleton-PFO-
Ovalaatjes-Extremes-Linetos-Beziers",
aus: TypeMyType (12/2011), Seite: <D>.
Copyright: Frederik Berlaen
(Sint-Amandsberg, 2023).

<Fig./346> Bild: „KalliCulator – Skeleton-PFO-
Ovalaatjes-Extremes-Linetos-Beziers",
aus: TypeMyType (12/2011), Seite: <D>.
Copyright: Frederik Berlaen
(Sint-Amandsberg, 2023).

<Fig./347> Bild: „KalliCulator – Skeleton-PFO-
Ovalaatjes-Extremes-Linetos-Beziers",
aus: TypeMyType (12/2011), Seite: <D>.
Copyright: Frederik Berlaen
(Sint-Amandsberg, 2023).

<Fig./348> Bild: „KalliCulator – Skeleton-PFO-
Ovalaatjes-Extremes-Linetos-Beziers",
aus: TypeMyType (12/2011), Seite: <D>.
Copyright: Frederik Berlaen
(Sint-Amandsberg, 2023).

<Fig./349> Bild: „KalliCulator – Specimen",
aus: TypeMyType (12/2011), Seite: <D>.
Copyright: Frederik Berlaen
(Sint-Amandsberg, 2023).

<Fig./351> Bild: „Testing Hektor – Test #6 (Paths)“,
</> aus: <a> Lehni (12/2011), Seite: <A>.
</> Copyright: Jürg Lehni (Zürich, 2023).
<Fig./352> Bild: „Constructing Hektor – Software“
</> (Ausschnitt),
</> aus: <a> Lehni (12/2011), Seite: <A>.
</> Copyright: Jürg Lehni (Zürich, 2023).
<Fig./353> Bild: „Testing Hektor – Test #8 (Typography)“
</> (Ausschnitt),
</> aus: <a> Lehni (12/2011), Seite: <A>.
</> Copyright: Jürg Lehni (Zürich, 2023).
<Fig./354> Bild: „Testing Hektor – Test #8 (Typography)“,
</> aus: <a> Lehni (12/2011), Seite: <A>.
</> Copyright: Jürg Lehni (Zürich, 2023).
<Fig./355> Bild: „Testing Hektor – Test #8 (Typography)“
</> (Ausschnitt),
</> aus: <a> Lehni (12/2011), Seite: <A>.
</> Copyright: Jürg Lehni (Zürich, 2023).
<Fig./356> Bild: „Testing Hektor – Test #8 (Typography)“
</> (Ausschnitt),
</> aus: <a> Lehni (12/2011), Seite: <A>.
</> Copyright: Jürg Lehni (Zürich, 2023).
<Fig./361> Bild: „Continuous variation of parameters can
</> gradually convert a font […]“,
</> aus: <b> Knuth (1999), Seite: 299.
</> Copyright: CSLI Publications (Stanford, 2023)
<Fig./371> Bild: „Increasingly random pen positions […]“,
</> aus: <b> Knuth (1999), Seite: 58.
</> Copyright: CSLI Publications (Stanford, 2023)
<Fig./381> Bild: „Different styles of type obtained by
</> varying the parameters […]“ (Ausschnitt),
</> aus: <b> Knuth (1999), Seite: 50.
</> Copyright: CSLI Publications (Stanford, 2023)
<¶>
<App./050> Index: Script 4.0 – Hypertypografie
<¶>
<Fig./410> Bild: „Sign-Generator 1.0/EXT“ (Ausschnitt),
</> aus: Lineto (01/2017), Seite: <B>.
</> Copyright: Norm (Zürich, 2023).
<Fig./411> Bild: „Grid P9/C16 […]“ (Ausschnitt),
</> aus: Norm (2002), Seite: 01.
</> Copyright: Norm (Zürich, 2023).
<¶>
<App./060> Index: Postscriptum
<¶>
<Fig./510> Bild: „Sketch Furniture – Performance Design“
</> (Ausschnitt),
</> aus: Front (01/2017), Seite: <C>.
</> Copyright: Front (Stockholm, 2023).
<Fig./511> Bild: „Sketch Furniture – Performance Design“
</> (Ausschnitt),
</> aus: Front (01/2017), Seite: <C>.
</> Copyright: Front (Stockholm, 2023).
</>
</>
</>
</>
</>
</>
</>
</>
</>
</>
</>
</>
</>
</>
</>
</>
</>
</>
</>
</>
</>
</>
</>
</>
</>
</>
</>
</>
</>
</>
</>
</>
</>
</>
</>
</>
</>
</>
</>
</>
</>
</>
<¶>

<App./100> Verzeichnis: Quellen
<¶>
<App./110> Index: Praescriptum
<¶>
<Ref./001> Zitat: aus: Zeit Online (09/2016), Seite: <A>.
<Ref./002> Zitat: aus: Zeit Online (09/2016), Seite: <B>.
<Ref./003> Zitat: aus: Flusser (2002).
<Ref./004> Zitat: aus: Flusser (2002).
<Ref./005> Zitat: aus: Willberg (2003).
<Ref./006> Zitat: aus: Sauthoff; Wendt; Willberg (1998).
<Ref./007> Zitat: aus: <b> Knuth (1999).
<Ref./008> Zitat: aus: <b> robotlab (01/2017), Seite: <B>.
<Ref./009> Zitat: aus: <a> robotlab (12/2011), Seite: <A>.
<Ref./010> Zitat: aus: Zeit Online (09/2016), Seite: <A>.
<Ref./011> Zitat: aus: Frutiger (2001).
<Ref./012> Zitat: aus: <a> Rappo (2009).
<Ref./013> Zitat: aus: Zeit Online (09/2016), Seite: <A>.
<Ref./014> Zitat: aus: Zeit Online (09/2016), Seite: <A>.
<Ref./015> Zitat: aus: Zeit Online (09/2016), Seite: <A>.
<¶>
<App./120> Index: Script 1.0 – Kalligrafie
<¶>
<Ref./016> Zitat: aus: <b> Noordzij (2009), Seite: 9
<Ref./017> Zitat: aus: Fugger (1553).
<Ref./018> Zitat: aus: Korger (1994).
<Ref./019> Zitat: aus: Frutiger (2001).
<Ref./020> Zitat: aus: <b> Noordzij (2009).
<Ref./021> Zitat: aus: <b> Rappo (2006), Seite: 20.
<Ref./022> Zitat: aus: <b> Noordzij (2009).
<Ref./023> Zitat: aus: Weber (2010), Seite: 88.
<Ref./024> Zitat: aus: Willberg (2003), Seite: 78–81.
<Ref./025> Zitat: aus: <b> Noordzij (2009).
<Ref./026> Zitat: aus: <b> Noordzij (2009), Seite: 10.
<Ref./027> Zitat: aus: <b> Noordzij (2009), Seite: 27.
<Ref./028> Zitat: aus: Frutiger (2001), Seite: 202.
<Ref./029> Zitat: aus: Frutiger (2001), Seite: 200.
<Ref./030> Zitat: aus: Majoor (01/2017), Seite: <B>.
<Ref./031> Zitat: aus: Middendorp (2004), Seite: 306.
<Ref./032> Zitat: aus: Korger (1994).
<Ref./033> Zitat: aus: <b> Rappo (2006), Seite: 20.
<¶>
<App./130> Index: Script 2.0 – Typografie
<¶>
<Ref./034> Zitat: aus: Fineder; Kraus; Pawlik (2004),
</> Seite: 25–26.
<Ref./035> Zitat: aus: Korger (1994).
<Ref./036> Zitat: aus: Dürer (1525).
<Ref./037> Zitat: aus: <b> Knuth (1999).
<Ref./038> Zitat: aus: <b> Knuth (1999).
<Ref./039> Zitat: aus: Kinross (2004).
<Ref./040> Zitat: aus: Tracy (2003).
<Ref./041> Zitat: aus: Bringhurst (2008).
<Ref./042> Zitat: aus: Graß (2008).
<Ref./043> Zitat: aus: Osterer; Stamm (2009).
<Ref./044> Zitat: aus: Frutiger (2001), Seite: 180.
<Ref./045> Zitat: aus: Graß (2008).
<Ref./046> Zitat: aus: LucasFonts (01/2017), Seite: <D>.
<Ref./047> Zitat: aus: LucasFonts (01/2017), Seite: <B>.
<Ref./048> Zitat: aus: LucasFonts (01/2017), Seite: <B>.
<Ref./049> Zitat: aus: LucasFonts (01/2017), Seite: <B>.
<Ref./050> Zitat: aus: LucasFonts (01/2017), Seite: <B>.
<Ref./051> Zitat: aus: LucasFonts (01/2017), Seite: <B>.
<Ref./052> Zitat: aus: LucasFonts (01/2017), Seite: <B>.
<Ref./053> Zitat: aus: LucasFonts (01/2017), Seite: <B>.
<Ref./054> Zitat: aus: Frutiger (2001), Seite: 181.
<Ref./055> Zitat: aus: <b> Noordzij (2009), Seite: 7.
<Ref./056> Zitat: aus: <b> Noordzij (2009), Seite: 78.
<Ref./057> Zitat: aus: Haralambous (2007).
<Ref./058> Zitat: aus: McNeil (2017), Seite: 504–505.
<Ref./059> Zitat: aus: Microsoft (04/2018), Seite: <A>.
<Ref./060> Zitat: aus: <a> Rappo (2009), Seite: 105.
<Ref./061> Zitat: aus: <a> Rappo (2009), Seite: 89.
<Ref./062> Zitat: aus: <a> Rappo (2009), Seite: 89.
<Ref./063> Zitat: aus: <a> Rappo (2009), Seite: 119.
<Ref./064> Zitat: aus: <a> Rappo (2009), Seite: 7.
<Ref./065> Zitat: aus: LettError (01/2017).
<Ref./066> Zitat: aus: Flusser (2002), Seite: 51.
<Ref./067> Zitat: aus: Flusser (2002), Seite: 52.
<Ref./068> Zitat: aus: Flusser (2002), Seite: 53.
<Ref./069> Zitat: aus: <a> Rappo (2009), Seite: 125.
<¶>
</>
</>
</>
</>
</>
</>
</>
</>
</>
</>
</>
</>
</>
</>
</>

<App./140> Index: Script 3.0 – Metatypografie
<¶>
<Ref./070> Zitat: aus: <b> Knuth (1999), Seite: 290.
<Ref./071> Zitat: aus: <b> Knuth (1999), Seite: 290.
<Ref./072> Zitat: aus: <a> Rappo (2009), Seite: 83.
<Ref./073> Zitat: aus: TypeMyType (12/2011), Seite: <C>.
<Ref./074> Zitat: aus: <a> Rappo (2009), Seite: 5.
<Ref./075> Zitat: aus: <b> Knuth (1999), Seite: 301.
<Ref./076> Zitat: aus: <b> Knuth (1999), Seite: 292.
<Ref./077> Zitat: aus: Metaflop (01/2017).
<Ref./078> Zitat: aus: Metaflop (01/2017).
<Ref./079> Zitat: aus: Metaflop (01/2017).
<Ref./080> Zitat: aus: <a> Rappo (2009), Seite: 171.
<Ref./081> Zitat: aus: <b> Rappo (2006), Seite: 20.
<Ref./082> Zitat: aus: TypeMyType (12/2011), Seite: <C>.
<Ref./083> Zitat: aus: TypeMyType (12/2011), Seite: <C>.
<Ref./084> Zitat: aus: <c> Lehni (12/2011), Seite: <A>.
<Ref./085> Zitat: aus: <c> Lehni (12/2011), Seite: <A>.
<Ref./086> Zitat: aus: <b> Knuth (1999), Seite: 307.
<Ref./087> Zitat: aus: <b> Knuth (1999), Seite: 299.
<Ref./088> Zitat: aus: <b> Knuth (1999), Seite: 51.
<Ref./089> Zitat: aus: <b> Knuth (1999), Seite: 308.
<Ref./090> Zitat: aus: <b> Knuth (1999), Seite: 51.
<Ref./091> Zitat: aus: <b> Knuth (1999), Seite: 19-20.
<Ref./092> Zitat: aus: <b> Knuth (1999), Seite: 57-58.
<Ref./093> Zitat: aus: <b> Knuth (1999), Seite: 307-308.
<Ref./094> Zitat: aus: <b> Knuth (1999), Seite: 49.
<Ref./095> Zitat: aus: <b> Knuth (1999), Seite: 19.
<Ref./096> Zitat: aus: <b> Knuth (1999), Seite: 35-36.
<Ref./097> Zitat: aus: <b> Knuth (1999), Seite: 36.
<Ref./098> Zitat: aus: <b> Knuth (1999), Seite: 8.
<Ref./099> Zitat: aus: <b> Knuth (1999), Seite: 291.
<Ref./100> Zitat: aus: <b> Knuth (1999), Seite: 291-292.
<Ref./101> Zitat: aus: <b> Knuth (1999), Seite: 7.
<Ref./102> Zitat: aus: <b> Knuth (1999), Seite: 271.
<Ref./103> Zitat: aus: <b> Knuth (1999), Seite: 289.
<Ref./104> Zitat: aus: <b> Knuth (1999), Seite: 289.
<Ref./105> Zitat: aus: Flusser (2002), Seite: 20.
<Ref./106> Zitat: aus: Flusser (2002), Seite: 20.
<Ref./107> Zitat: aus: Flusser (2002), Seite: 22.
<Ref./108> Zitat: aus: Flusser (2002), Seite: 53.
<Ref./109> Zitat: aus: Flusser (2002), Seite: 56.
<Ref./110> Zitat: aus: Flusser (2002), Seite: 59.
<Ref./111> Zitat: aus: <a> robotlab (12/2011), Seite: <B>.
<Ref./112> Zitat: aus: Flusser (2002), Seite: 60.
<Ref./113> Zitat: aus: <a> Rappo (2009),Seite: 111-113.
<Ref./114> Zitat: aus: <b> Knuth (1999), Seite: 39.
<Ref./115> Zitat: aus: <b> Knuth (1999), Seite: 279.
<Ref./116> Zitat: aus: <b> Knuth (1999), Seite: 20.
<Ref./117> Zitat: aus: <a> Rappo (2009), Seite: 91.
<Ref./118> Zitat: aus: <a> Rappo (2009), Seite: 103.
<Ref./119> Zitat: aus: <a> Rappo (2009), Seite: 125-127.
<Ref./120> Zitat: aus: <c> Lehni (12/2011), Seite: <A>.
<Ref./121> Zitat: aus: <a> Lehni (12/2011), Seite: <A>.
<Ref./122> Zitat: aus: <c> Lehni (12/2011), Seite: <A>.
<Ref./123> Zitat: aus: <a> Rappo (2009), Seite: 127-129.
<Ref./124> Zitat: aus: <a> Rappo (2009), Seite: 177.
<Ref./125> Zitat: aus: <a> Rappo (2009), Seite: 177.
<Ref./126> Zitat: aus: Prototypo (04/2018), Seite: <A>.
<Ref./127> Zitat: aus: Prototypo (04/2018), Seite: <E>.
<Ref./128> Zitat: aus: Flusser (2002), Seite: 48.
<Ref./129> Zitat: aus: Flusser (2002), Seite: 7.
<Ref./130> Zitat: aus: Flusser (2002), Seite: 64.
<Ref./131> Zitat: aus: Flusser (2002), Seite: 56.
<Ref./132> Zitat: aus: Flusser (2002), Seite: 56.
<Ref./133> Zitat: aus: Flusser (2002), Seite: 20.
<Ref./134> Zitat: aus: Flusser (2002), Seite: 56.
<Ref./135> Zitat: aus: Flusser (2002), Seite: 145.
<Ref./136> Zitat: aus: Flusser (2002), Seite: 144.
<Ref./137> Zitat: aus: Flusser (2002), Seite: 132.
<Ref./138> Zitat: aus: Flusser (2002), Seite: 142.
<Ref./139> Zitat: aus: McNeil (2017), Seite: 386-387.
<Ref./140> Zitat: aus: <a> Wikimedia Foundation (01/2017),
</> Seite: <B>.
<Ref./141> Zitat: aus: <a> Wikimedia Foundation (01/2017),
</> Seite: <D>.
<Ref./142> Zitat: aus: <a> Wikimedia Foundation (01/2017),
</> Seite: <B>.
<Ref./143> Zitat: aus: <b> Knuth (1999), Seite: 291.
<Ref./144> Zitat: aus: <b> Knuth (1999), Seite: 313.
<Ref./145> Zitat: aus: <b> Knuth (1999), Seite: 291.
<Ref./146> Zitat: aus: <b> Knuth (1999), Seite: 309.
<Ref./147> Zitat: aus: <b> Knuth (1999), Seite: 308.
<¶>

<App./150> Index: Script 4.0 – Hypertypografie
<¶>
<Ref./148> Zitat: aus: Flusser (2002), Seite: 59-60.
<Ref./149> Zitat: aus: Flusser (2002), Seite: 57.
<Ref./150> Zitat: aus: <b> Knuth (1999), Seite: 35.
<Ref./151> Zitat: aus: <b> Knuth (1999), Seite: 56.
<Ref./152> Zitat: aus: <b> Knuth (1999), Seite: 304.
<Ref./153> Zitat: aus: <b> Rappo (2006), Seite: 20.
<Ref./154> Zitat: aus: <a> Rappo (2009), Seite: 107.
<Ref./155> Zitat: aus: <a> Rappo (2009), Seite: 105.
<Ref./156> Zitat: aus: Frutiger (2001), Seite: 310.
<Ref./157> Zitat: aus: Flusser (2002), Seite: 138-139.
<Ref./158> Zitat: aus: Flusser (2002), Seite: 130-131.
<Ref./159> Zitat: aus: Flusser (2002), Seite: 7.
<Ref./160> Zitat: aus: Flusser (2002), Seite: 132.
<Ref./161> Zitat: aus: <b> Knuth (1999), Seite: 7.
<Ref./162> Zitat: aus: Flusser (2002), Seite: 24.
<Ref./163> Zitat: aus: Flusser (2002), Seite: 54.
<Ref./164> Zitat: aus: Osterer; Stamm (2009), Seite: 438.
<Ref./165> Zitat: aus: Eco (2002).
<¶>

<App./160> Index: Postscriptum
<¶>
<Ref./166> Zitat: aus: Bergerhausen; Poarangan (2011),
</> Seite: 608.
<Ref./167> Zitat: aus: Haralambous (2007), Seite: 29-30.
<Ref./168> Zitat: aus: Bergerhausen; Poarangan (2011),
</> Seite: 28-29.
<Ref./169> Zitat: aus: Unicode Consortium (01/2021),
</> Seite: <D>.
<Ref./170> Zitat: aus: <a> Wikimedia Foundation (01/2017),
</> Seite: <G>.
<Ref./171> Zitat: aus: Fineder; Kraus; Pawlik (2004),
</> Seite: 98-99.
<Ref./172> Zitat: aus: <a> Wikimedia Foundation (01/2017),
</> Seite: <J>.
<Ref./173> Zitat: aus: Front (01/2017), Seite: <C>.
<Ref./174> Zitat: aus: Front (01/2017), Seite: <C>.
<Ref./175> Zitat: aus: Zeit Online (09/2016), Seite: <B>.
<¶>

<App./200> Verzeichnis: Literatur
<¶>
<App./210> Index: Fachbucher
<¶>

<Pub./001> Buch: Abdullah, Rayan; Hübner, Roger
</> ›Piktogramme und Icons. Pflicht oder Kür?‹
</> (Mainz, 2005).
<Pub./002> Buch: Baumunk, Bodo-Michael; Sänger, Johanna;
</> Kallinich, Joachim (Hg.)
</> ›Die Roboter kommen!
</> Mensch, Maschine, Kommunikation‹
</> (Heidelberg, 2007).
<Pub./003> Buch: Bergerhausen, Johannes; Poarangan, Siri
</> ›Decodeunicode.
</> Die Schriftzeichen der Welt‹
</> (Mainz, 2011).
<Pub./004> Buch: Bringhurst, Robert
</> ›The Elements of Typographic Style‹
</> (Vancouver, 2008).
<Pub./005> Buch: Butz, Andreas; Krüger, Antonio
</> ›Mensch-Maschine-Interaktion‹
</> (Berlin, 2017).
<Pub./006> Buch: Cheng, Karen
</> ›Anatomie der Buchstaben.
</> Basiswissen für Schriftgestalter‹
</> (Mainz, 2006).
<Pub./007> Buch: Coles, Stephen
</> ›The Geometry of Type.
</> The Anatomy of 100 Essential Typefaces‹
</> (London, 2013).
<Pub./008> Buch: Crow, David
</> ›Zeichen.
</> Eine Einführung in die Semiotik
</> für Grafikdesigner‹
</> (München, 2005).
<Pub./009> Buch: Dürer, Albrecht
</> ›Underweysung der messung mit dem
</> zirckel un[d] richtscheyt, in
</> Linien ebnen unnd gantzen corporen‹
</> (Nürnberg, 1525).
<Pub./010> Buch: Eco, Umberto
</> ›Einführung in die Semiotik‹
</> (München, 2002).
<Pub./011> Buch: Eisele, Petra; Naegele, Isabel (Hg.)
</> ›Texte zur Typografie.
</> Positionen zur Schrift‹
</> (Sulgen/Zürich, 2012).
<Pub./012> Buch: Fineder, Martina; Kraus, Eva;
</> Pawlik, Andreas (Hg.)
</> ›Postscript.
</> Zur Form von Schrift heute.
</> A/CH/D‹
</> (Ostfildern-Ruit, 2004).
<Pub./013> Buch: Flusser, Vilém
</> ›Die Schrift. Hat Schreiben Zukunft?‹
</> (Göttingen, 2002).
<Pub./014> Buch: Frutiger, Adrian
</> ›Der Mensch und seine Zeichen.
</> Schriften, Symbole, Signete, Signale‹
</> (Wiesbaden, 2001).
<Pub./015> Buch: Fugger, Wolfgang
</> ›Ein nutzlich vnd wolgegrundt Formular
</> Manncherley schöner schriefften
</> Als Teutscher Lateinischer Griechischer
</> vnnd Hebrayscher Buchstaben sampt
</> vnterrichtung wie ein yede gebraucht
</> vnd gelernt soll werden‹
</> (Nürnberg, 1553).
<Pub./016> Buch: <a> Gerstner, Karl
</> ›Kompendium für Alphabeten.
</> Eine Systematik der Schrift‹
</> (Sulgen/Zürich, 2000).
<Pub./017> Buch: <b> Gerstner, Karl
</> ›Programme entwerfen.
</> Statt Lösungen für Aufgaben
</> Programme für Lösungen‹
</> (Baden, 2007).
<Pub./018> Buch: Graß, Tino
</> ›Schriftgestalten.
</> Über Schrift und Gestaltung‹
</> (Sulgen/Zürich, 2008).
<Pub./019> Buch: Groß, Benedikt; Bohnacker, Hartmut;
</> Laub, Julia; Lazzeroni, Claudius
</> ›Generative Gestaltung.
</> Creative Coding im Web‹
</> (Mainz, 2018).
<Pub./020> Buch: Haarmann, Harald
</> ›Universalgeschichte der Schrift‹
</> (Köln, 1998).
<Pub./021> Buch: Haralambous, Yannis
</> ›Fonts & Encodings.
</> From Unicode to Advanced Typography
</> and Everything in Between‹
</> (Sebastopol, 2007).
</>
</>
<Pub./022> Buch: Hersch, Roger D. (Hg.)
</> ›Visual and technical aspects of type‹
</> (Cambridge, 1993).
<Pub./023> Buch: Hofmann, Armin
</> ›Methodik der Form- und Bildgestaltung.
</> Aufbau, Synthese, Anwendung‹
</> (Zürich, 2015).
<Pub./024> Buch: Janser, Andres; Reble, Christina (Hg.)
</> ›Frische Schriften. Fresh Type‹
</> (Zürich, 2004).
<Pub./025> Buch: Kapitzki, Herbert W.
</> ›Programmiertes Gestalten.
</> Grundlagen für das Visualisieren
</> mit Zeichen‹
</> (Karlsruhe, 1980).
<Pub./026> Buch: <a> Karow, Peter
</> ›Digitale Schriften.
</> Darstellung und Formate‹
</> (Berlin, 1992).
<Pub./027> Buch: <b> Karow, Peter
</> ›Schrifttechnologie.
</> Methoden und Werkzeuge‹
</> (Berlin, 1992).
<Pub./028> Buch: Kinross, Robin
</> ›Modern typography.
</> An essay in critical history‹
</> (London, 2004).
<Pub./029> Buch: Klanten, Robert; Ehmann, Sven;
</> Hanschke, Verena (Hg.)
</> ›A Touch of Code.
</> Interactive Installations and Experiences‹
</> (Berlin, 2011).
<Pub./030> Buch: <a> Knuth, Donald E.
</> ›Computers & Typesetting. Volume E.
</> Computer Modern Typefaces‹
</> (Reading, 1986).
<Pub./031> Buch: <b> Knuth, Donald E.
</> ›Digital Typography‹
</> (Stanford, 1999).
<Pub./032> Buch: Korger, Hildegard
</> ›Schrift und Schreiben‹
</> (Wiesbaden, 1994).
<Pub./033> Buch: Kries, Mateo; Thun-Hohenstein, Christoph;
</> Klein, Amelie (Hg.)
</> ›Hello, Robot!
</> Design zwischen Mensch und Maschine‹
</> (Weil am Rhein, 2017).
<Pub./034> Buch: <a> Maeda, John
</> ›Creative Code‹
</> (London, 2004).
<Pub./035> Buch: <b> Maeda, John
</> ›Design by Numbers‹
</> (Cambridge, 1999).
<Pub./036> Buch: <c> Maeda, John
</> ›Maeda @ Media‹
</> (London, 2000).
<Pub./037> Buch: McNeil, Paul
</> ›The Visual History of Type‹
</> (London, 2017).
<Pub./038> Buch: Middendorp, Jan
</> ›Dutch Type‹
</> (Rotterdam, 2004).
<Pub./039> Buch: Müller-Brockmann, Josef
</> ›Rastersysteme für die visuelle Gestaltung.
</> Ein Handbuch für Grafiker, Typografen
</> und Ausstellungsgestalter‹
</> (Zürich, 2016).
<Pub./040> Buch: <a> Noordzij, Gerrit
</> ›Letterletter. An inconsistent collection
</> of tentative theories that do not claim any
</> other authority than that of common sense‹
</> (Vancouver, 2000).
<Pub./041> Buch: <b> Noordzij, Gerrit
</> ›The stroke. Theory of writing‹
</> (London, 2009).
<Pub./042> Buch: Norm / Bruni, Dimitri; Krebs, Manuel
</> ›Norm. The Things‹
</> (Berlin, 2002).
<Pub./043> Buch: Osterer, Heidrun; Stamm, Philipp (Hg.)
</> ›Adrian Frutiger. Schriften.
</> Das Gesamtwerk‹
</> (Basel, 2009).
<Pub./044> Buch: <a> Pott, Gottfried
</> ›Kalligrafie.
</> Erste Hilfe und Schrift-Training
</> mit Muster-Alphabeten‹
</> (Mainz, 2011).
<Pub./045> Buch: <b> Pott, Gottfried
</> ›Kalligrafie. Intensiv-Training‹
</> (Mainz, 2006).
<Pub./046> Buch: Ramge, Thomas
</> ›Mensch und Maschine.
</> Wie Künstliche Intelligenz und Roboter
</> unser Leben verändern‹
</> (Ditzingen, 2018).
</>

<Pub./047> Buch: <a> Rappo, François (Hg.)
›ECAL. Typeface as Program‹
(Zürich, 2009).

<Pub./048> Buch: <b> Rappo, François (Hg.)
›ECAL Typography. We make fonts‹
(Zürich, 2006).

<Pub./049> Buch: Ruder, Emil
›Typographie. Ein Gestaltungslehrbuch‹
(Sulgen/Zürich, 2009).

<Pub./050> Buch: Sauthoff, Daniel; Wendt, Gilmar; Willberg, Hans Peter
›Schriften erkennen. Eine Typologie der Satzschriften für Studenten, Grafiker, Setzer, Kunsterzieher und alle PC-User‹
(Mainz, 1998).

<Pub./051> Buch: Shaw, Paul
›Revival Type.
Digital typefaces inspired by the past‹
(London, 2017).

<Pub./052> Buch: Tracy, Walter
›Letters of Credit. A View of Type Design‹
(Boston, 2003).

<Pub./053> Buch: Troika / Freyer, Conny; Noel, Sebastien; Rucki, Eva
›Digital by Design.
Crafting Technology for Products and Environments‹
(London, 2008).

<Pub./054> Buch: Weber, Hendrik
›Kursiv. Was die Typografie auszeichnet‹
(Sulgen/Zürich, 2010).

<Pub./055> Buch: Willberg, Hans Peter
›Wegweiser Schrift.
Erste Hilfe für den Umgang mit Schriften.
Was passt, was wirkt, was stört‹
(Mainz, 2003).

<App./220> Index: Internetseiten

<Pub./101> Website: Adobe
›http://www.adobe.com‹
(Stand: 01/2017).

<Pub./102> Website: Bundesamt für Kultur
›http://www.swissdesignawards.ch‹
(Stand: 12/2011).

<Pub./103> Website: Decodeunicode / Becker, Daniel A.; Bergerhausen, Johannes; Helmig, Ilka; Poarangan, Siri; Spingler, Wenzel S.
›http://www.decodeunicode.org‹
(Stand: 01/2017).

<Pub./104> Website: Front / Lindgren, Anna; Lagerkvist, Sofia
›http://www.frontdesign.se‹
(Stand: 01/2017).
Seite: <A> ›http://www.frontdesign.se/about‹
Seite: <B> ›http://www.frontdesign.se/projects‹
Seite: <C> ›http://www.frontdesign.se/sketch-furniture-performance-design-project‹

<Pub./105> Website: <a> Lehni, Jürg
›http://www.hektor.ch‹
(Stand: 12/2011).
Seite: <A> ›http://www.hektor.ch/about.html‹

<Pub./106> Website: <b> Lehni, Jürg
›http://www.juerglehni.com‹
(Stand: 01/2017).
Seite: <A> ›http://www.juerglehni.com/information‹
Seite: <B> ›http://www.juerglehni.com/works‹
Seite: <C> ›http://www.juerglehni.com/works/hektor‹
Seite: <D> ›http://www.juerglehni.com/works/scriptographer‹

<Pub./107> Website: <c> Lehni, Jürg
›http://www.scriptographer.org‹
(Stand: 12/2011).
Seite: <A> ›http://www.scriptographer.org/about.html‹

<Pub./108> Website: <d> Lehni, Jürg
›http://www.scriptographer.org‹
(Stand: 01/2017).
Seite: <A> ›http://www.scriptographer.org/about‹
Seite: <B> ›http://www.scriptographer.org/gallery‹
Seite: <C> ›http://www.scriptographer.org/gallery/hektor-interface‹

<Pub./109> Website: LettError / van Blokland, Erik; van Rossum, Just
›http://www.letterror.com‹
(Stand: 01/2017).
Seite: <A> ›http://www.letterror.com/fontcatalog/fontfont-beowolf‹
Seite: <B> ›http://www.letterror.com/writing/is-best-really-better‹
Seite: <C> ›http://www.letterror.com/writing/toolspace‹

<Pub./110> Website: Lineto / Windlin, Cornel; Müller, Stephan; Lehni, Jürg
›http://www.lineto.com‹
(Stand: 01/2017).
Seite: <A> ›http://www.lineto.com/The+Designers/Norm‹
Seite: <B> ›http://www.lineto.com/The+Designers/Norm/Sign-Generator‹
Seite: <C> ›http://www.lineto.com/The+Designers/Jürg+Lehni‹
Seite: <D> ›http://www.lineto.com/The+Designers/Jürg+Lehni/Hektor‹

<Pub./111> Website: LucasFonts / de Groot, Luc(as)
›http://www.lucasfonts.com‹
(Stand: 01/2017).
Seite: <A> ›http://www.lucasfonts.com/about/lucas-de-groot‹
Seite: <B> ›http://www.lucasfonts.com/about/interpolation-theory‹
Seite: <C> ›http://www.lucasfonts.com/fonts‹
Seite: <D> ›http://www.lucasfonts.com/fonts/thesis-family/about‹

<Pub./112> Website: Majoor, Martin
›http://www.martinmajoor.com‹
(Stand: 01/2017).
Seite: <A> ›http://www.martinmajoor.com/6_my_philosophy.html‹
Seite: <B> ›http://www.martinmajoor.com/1_scala.html‹

<Pub./113> Website: Metaflop / Reigel, Alexis; Müller, Marco
›http://www.metaflop.com‹
(Stand: 01/2017).
Seite: <A> ›http://www.metaflop.com/about‹
Seite: <B> ›http://www.metaflop.com/faq‹
Seite: <C> ›http://www.metaflop.com/modulator‹
Seite: <D> ›http://www.metaflop.com/metafonts/adjuster‹
Seite: <E> ›http://www.metaflop.com/metafonts/bespoke‹

<Pub./114> Website: Microsoft
›http://www.microsoft.com‹
(Stand: 04/2018).
Seite: <A> ›http://www.developer.microsoft.com/en-us/microsoft-edge/testdrive/demos/variable-fonts‹

<Pub./115> Website: <a> Monotype
›http://www.100besteschriften.de‹
(Stand: 01/2017).

<Pub./116> Website: <b> Monotype
›http://www.fontfont.com‹
(Stand: 01/2017).

<Pub./117> Website: <c> Monotype
›http://www.linotype.com‹
(Stand: 01/2017).

<Pub./118> Website: <d> Monotype
›http://www.monotype.com‹
(Stand: 01/2017).

<Pub./119> Website: <e> Monotype
›http://www.scalafont.com‹
(Stand: 01/2017).

<Pub./120> Website: Norm / Bruni, Dimitri; Krebs, Manuel
›http://www.norm.to‹
(Stand: 01/2017).
Seite: <A> ›http://www.norm.to/sign-generator.html‹

<Pub./121> Website: Prototypo
›http://www.prototypo.io‹
(Stand: 04/2018).
Seite: <A> ›http://www.prototypo.io/about.html‹
Seite: <B> ›http://www.prototypo.io/faq.html‹
Seite: <C> ›http://www.prototypo.io/lab.html‹
Seite: <D> ›http://www.prototypo.io/academy.html‹
Seite: <E> ›http://www.prototypo.io/press.html‹

<Pub./122> Website: <a> robotlab / Gommel, Matthias; Haitz, Martina; Zappe, Jan
›http://www.robotlab.de‹
(Stand: 12/2011).
Seite: <A> ›http://www.robotlab.de/bios/bible.html‹
Seite: <B> ›http://www.robotlab.de/mani/fest.html‹

<Pub./123> Website: <b> robotlab / Gommel, Matthias; Haitz, Martina; Zappe, Jan
›http://www.robotlab.de‹
(Stand: 01/2017).
Seite: <A> ›http://www.robotlab.de/about.html‹
Seite: <B> ›http://www.robotlab.de/bios/bible.html‹
Seite: <C> ›http://www.robotlab.de/bios/pics-bible.html‹
Seite: <D> ›http://www.robotlab.de/bios/video.html‹
Seite: <E> ›http://www.robotlab.de/bios/bibles.html‹

<Pub./124> Website: TypeMyType / Berlaen, Frederik
›http://www.typemytype.com‹
(Stand: 12/2011).
Seite: <A> ›http://www.kalliculator.com/index.html‹
Seite: <B> ›http://www.kalliculator.com/about/index.html‹
Seite: <C> ›http://www.kalliculator.com/about/researchpaper.html‹
Seite: <D> ›http://www.kalliculator.com/about/researchpaper.pdf‹
Seite: <E> ›http://www.kalliculator.com/examples/index.html‹

<Pub./125> Website: Unicode Consortium
›http://www.unicode.org‹
(Stand: 09/2023).
Seite: <A> ›http://www.unicode.org/consortium/consort.html‹
Seite: <B> ›http://www.unicode.org/standard/standard.html‹
Seite: <C> ›http://www.unicode.org/history/publicationdates.html‹
Seite: <D> ›http://www.unicode.org/versions/latest.html‹
Seite: <E> ›http://www.unicode.org/glossary.html‹

<¶>

<App./230> Index: Fachzeitschriften

<¶>

<Pub./201> Zeitschrift: Mol-Wolf, Katarzyna (Hg.)
›Hohe Luft Spezial. Digitalisierung. Über das Verhältnis von Mensch und Maschine‹
(Ausgabe: 01/2017).

<¶>

<App./240> Index: Zeitungsartikel

<¶>

<Pub./301> Website: Zeit Online
›http://www.zeit.de‹
(Stand: 09/2016).
Seite: <A> ›http://www.zeit.de/wirtschaft/2016-09/kuenstliche-intelligenz-maschinen-menschen-ersatz-jobs/komplettansicht‹
Seite: <B> ›http://www.zeit.de/digital/internet/2016-09/kuenstliche-intelligenz-chatsbots-dialogsysteme-kommunikation/komplettansicht‹

<¶>

<App./250> Index: Nachschlagewerke

<¶>

<Pub./401> Website: <a> Wikimedia Foundation
›http://www.wikipedia.org‹
(Stand: 01/2017).
Seite: <A> ›http://www.wikipedia.org/wiki/Gottfried_Wilhelm_Leibniz‹
Seite: <B> ›http://www.wikipedia.org/wiki/Dualsystem‹
Seite: <C> ›http://www.wikipedia.org/wiki/Binärcode‹
Seite: <D> ›http://www.wikipedia.org/wiki/Mathesis_Universalis‹
Seite: <E> ›http://www.wikipedia.org/wiki/Universalsprache‹
Seite: <F> ›http://www.wikipedia.org/wiki/International_Phonetic_Association‹
Seite: <G> ›http://www.wikipedia.org/wiki/Internationales_Phonetisches_Alphabet‹
Seite: <H> ›http://www.wikipedia.org/wiki/Liste_der_IPA-Zeichen‹
Seite: <I> ›http://www.wikipedia.org/wiki/Gottfried_Boehm‹
Seite: <J> ›http://www.wikipedia.org/wiki/Ikonische_Wende‹

<¶>

<App./260> Index: Wörterbücher

<¶>

<Pub./501> Website: Bibliographisches Institut
›http://www.duden.de‹
(Stand: 01/2017).

<Pub./502> Website: <b> Wikimedia Foundation
›http://www.wiktionary.org‹
(Stand: 01/2017).

<¶>

<App. 300> Verzeichnis: Impressum

<App. 301> Titel: ›Script – Über das Wesen der Schrift‹
<App. 302> Autor: Christian Stindl
<App. 303> Verlag: Triest
<App. 304> Lektorat: Stefanie Weiß, Kerstin Forster
<App. 305> Korrektorat: Kerstin Forster
<App. 306> Gestaltung: Büro Heimathafen
<App. 307> Umsetzung: Julian Peschel
<App. 308> Schrift: ›IBM Plex Mono‹
<App. 309> Papier: ›Munken Polar Rough Weiß‹
<App. 310> Sonderfarbe: ›Pantone 811 Uncoated Neon-Orange‹
<App. 311> Produktion: Druckerei zu Altenburg
<App. 312> Auflage: 800 Exemplare
<App. 313> ISBN: 978-3-03863-079-1

<App. 315> Notiz: Der Triest Verlag wird im Rahmen
der Verlagsförderung vom Bundesamt für
Kultur mit einem Förderbeitrag
für die Jahre 2021–2024 unterstützt.